U0047845

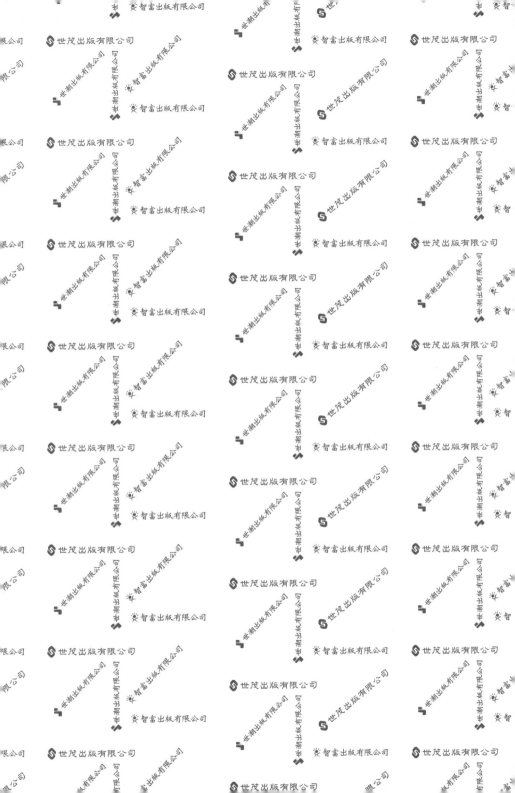

拓樸學
超入門

從克萊茵瓶到宇宙的形狀

名倉眞紀、今野紀雄／著

前師範大學數學系教授兼主任 **洪萬生**／審訂

衛宮紘／譯

序

　　本書所討論的是數學幾何學中一個領域——**拓樸學（Topology）概念**。

　　在「拓樸學的世界」中，**圖形伸縮扭曲後也會是相同的形狀、相同的圖形**。三角形、四角形、五角形……沒有區別，跟圓盤全都是相同的圖形，也都稱為圓盤。在這個世界上，我們平常不會稱為圓盤的形狀，竟變成是圓盤。球棒、球拍擊出的棒球與網球，一般會認為「球飛在空中的時候會改變形狀」，但在拓樸學的世界中，只要球沒有破掉，球在飛行過程中的形狀完全相同。

　　可能有些人會覺得，這樣來看，「世間萬物不就都是相同的形狀？」但其實不然。例如，將咖啡杯的把柄部分放大後，會跟甜甜圈是同樣的形狀，但跟球體卻是不一樣的。此處，數學的「球體」是指，中間為實心的球狀物體，如同實心彈力球般的東西。

　　以拓樸學的觀點，判斷兩圖形是否相同，通常是相當困難的事，但我們可用各種「工具」進行判斷。透過這些工具，我們能以拓樸學的觀點捕捉圖形的特徵。這些工具稱為**拓樸不變量（topological invariant）**。

我們生存於三維空間中，因此無法將超過三維的形狀重現為眼前的物體，就連想像也極為困難。我們能夠想像歪曲的平面——曲面，但對歪曲的空間卻摸不著頭緒。然而，即便是數學上無法實際想像的圖形，也可透過拓樸不變量，以拓樸學的觀點進行討論。

在討論可想像與不可想像的圖形時，**閉曲面**是饒有趣味的概念。閉曲面如同其名是指「封閉的曲面」，例如球面、游泳圈等曲面，詳細內容會在本書正文中說明。球面是球體表面的圖形，例如沙灘排球等物體表面。

以拓樸學的觀點來分類閉曲面，我們能用孔洞數進行區別。由此可知，沙灘排球的孔洞數為0個，游泳圈的孔洞數為1個，所以兩者為不同物體；單人游泳圈與雙人游泳圈的孔洞數分別為1個和2個，所以在拓樸學上是不同物體。

試著比較不同的閉曲面，會發現球和泳圈兩者的**彎曲狀態**不一樣。例如，就我們的三維觀點來看，會認為球面是彎曲的，平面是平坦沒有彎曲的，因此能夠理解平坦平面與彎曲球面的彎曲狀態不一樣。游泳圈各處的彎曲狀態不同，平均值也與球面的彎曲狀態不一樣。雖然在拓樸學上「即便彎曲也是相同形狀」，但球和泳圈卻是不同形狀，出現令人意外的結果。

幾何化猜想（**Geometrization Conjecture**）讓我們能用彎曲形態來分類三維流形（manifold），也就是空間扭曲。幾何化猜想提出後，數學家們煩惱數百年之久的著名**龐加萊猜想（Poincare Conjecture）**，也在幾何化猜想得到證明後，於2003年左右成功得證。這些會在第9章與第10章概略說明。

本書的目標讀者是對數學有興趣的高中生、社會人士等，即便沒有學過大學數學的人，也能理解本書內容。期望各位能因此對拓樸學的構想、思維稍微產生一點興趣。

最後，本書的付梓出版深受許多人照顧，感謝science·i編輯部石井顯一先生多次幫忙校正、製作插圖等，各位同仁處理細部的修正，同時由衷感謝給予我執筆機會的今野紀雄教授。

名倉真紀

CONTENTS

拓樸學超入門

CONTENTS

第 1 章

拓樸學是什麼？
「相同形狀」是什麼情況？

在拓樸學的數學世界中，認為「圖形是由柔軟橡膠一般的物質構成」，將經過伸縮扭曲後能夠重疊的圖形，視為「相同的形狀」。在第一章中，一起來學習究竟什麼是相同形狀。

1-1 「相同形狀」是什麼？

幾何學是以某一觀點觀察物體形狀，研究、區別其性質的學問。其領域有各種不同觀點。

各位讀者在國小、國中的數學課中，應該都曾計算過圖形的面積、體積。這是**歐幾里得幾何學（Euclidean Geometry）**的幾何學領域。兩圖形**全等**、**形狀相同**，代表移動其中一個圖形，可與另一個圖形完全重疊。換言之，大家學習的觀點是**全等＝相同形狀**，以此觀點研究圖形（圖1-1-1）。

將兩圖形重疊，便能知道是否全等，但還是經常碰到無法重疊的情況（圖1-1-2）。此時，大家是不是想到用來區別的「工具」呢？這個「工具」稱為**不變量（invariant）**，例如平面圖形的面積、立體圖形的體積。全等圖形的不變量是固定的，換言之，如果圖形各相關數值不同，那麼兩圖形就不全等。另外，多角形的內角和也是不變量，三角形內角和為180°、四角形內角和為360°，所以三角形與四角形不全等（圖1-1-3）。

將觀點改為「討論相同形狀是什麼情況」，就會出現另一種不同領域的幾何學，例如位相幾何學、射影幾何學（Projective Geometry）、仿射幾何學（Affine Geometry）等。討論圖形扭曲狀態的微分幾何學領域、平行線定理不成立的非歐幾里得幾何學，也都是研究主題。在本書中，我們會用圖形簡單說明**位相幾何學（拓樸學）**與**微分幾何學**的入門知識。

圖1-1-1

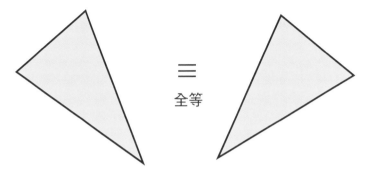

全等

圖1-1-2

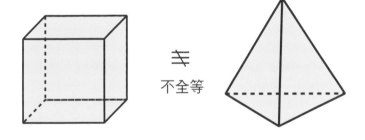

不全等

圖1-1-3

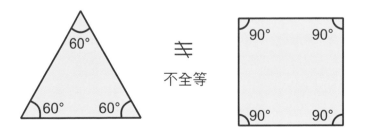

不全等

1-2 位相的「相」是什麼？

位相幾何學的**位相**是**位置**與**形相**兩詞並置的簡稱。換言之，**位相幾何學是在研究圖形位置與形狀的理論**。首先來說明位相的**相（形狀）**是什麼。

位相幾何學中的**相、形狀**，比歐幾里得幾何學的定義籠統。在位相幾何學中，三角形與四角形沒有區別（**圖1-2-1**），認為圖形是由彈性物質構成，如同橡膠可自由伸縮，即便經過彎折、拉伸、扭轉、壓縮，仍與原來的圖形一樣是**相同形狀**。本書將這樣的圖形變形方式，稱為**不使用剪刀與膠水的形變**。

先剪斷圖形的一部分，進行不使用剪刀與膠水的形變，再將剪斷處接回原狀，最後的圖形也視為原圖形的**相同形狀**。這樣的圖形變形方式，稱為**使用剪刀與膠水的形變**。

假設有一條沒有厚度的理想繩子，將這條繩子隨意打結，再將繩子兩端黏起來形成圓圈，像這樣存在於空間中的封閉曲線，稱為**扭結（knot）**。**圖1-2-2**的扭結A，雖然沒有一般常見的「繩結」，但仍屬於數學上的扭結。扭結B是將扭結A的一處剪斷、打一個半結，再將剪斷處黏回原狀。扭結A與扭結B是相同形狀。

上述的**相同形狀**，在拓樸學中稱為**同胚（homeomorphism）**。拓樸學在討論圖形時，主要是看圖形本身的**連通狀態**。

圖1-2-1

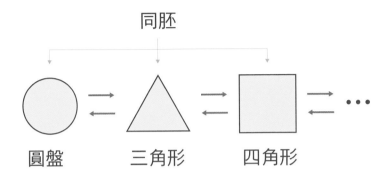

圖1-2-2

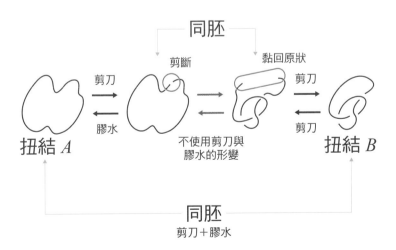

1-3 「同胚」是什麼圖形？

這一節我們要來舉例說明同胚圖形。在拓樸學中，經常舉咖啡杯與甜甜圈為例來說明同胚圖形。將咖啡杯或甜甜圈想成是用柔軟的橡膠製成，可透過前述**不使用剪刀與膠水的形變**，轉成另外一個物體。在拓樸學中，這兩個圖形並沒有區別，皆稱為**環體**（圖1-3-1）。

再舉個簡單的例子。英文字母C、I、J、L、M、N、S、U、V、W、Z皆為同胚，因為全都是可用一條線彎折作成的文字；D與O也為同胚，因為將D的稜角變成圓的就是O；E、F、T、Y同理亦為同胚。以上是不使用剪刀與膠水形變，圖形相互轉換的例子。

接著，以下舉例的圖形例子則是透過**使用剪刀與膠水形變**所轉換。圖1-3-2有一**圓環面**，如圖，用剪刀剪斷、扭轉**一整圈**後，再將剪口黏回原狀的圖形，如此就會跟圓環面同胚。無論扭轉方向為何，最後都會同胚。

再來，同樣剪斷圓環面，但這次如圖1-3-3扭轉**半圈**（0.5圈），再黏合剪口。或許讀者曾經聽過，這個圖形稱為**莫比烏斯帶（Mobius Band）**。但由於剪口沒有黏回原狀，所以圓環面與莫比烏斯帶不同胚。扭轉圈數為1.5圈、2.5圈、3.5圈等……圖形，都會跟莫比烏斯帶同胚。與前一段有類似情形，無論扭轉方向為何，所有莫比烏斯帶都會同胚。

圖1-3-1

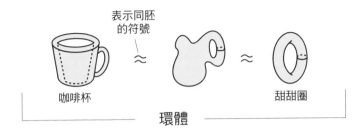

咖啡杯　　　　　　　　　　　　甜甜圈

環體

圖1-3-2

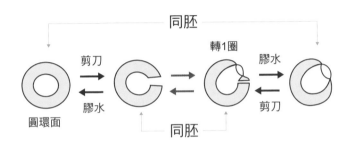

圓環面

圖1-3-3

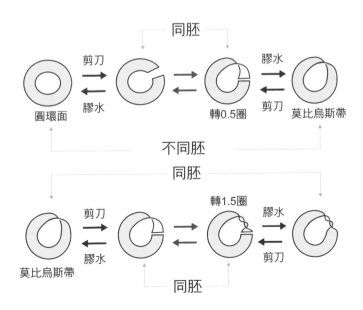

1-4 位相的「位」是什麼？

這一節要來說明位相的**位（位置）**。位就是**位置**，表示**圖形與周圍平面、空間的關係**。

在前面**1-2**的扭結A與扭結B，繩子本身的連通狀態相同，但若同時考慮周圍的三維空間進行討論時，有時卻會視為不同的形狀。作為「三維空間中的圖形」，兩個扭結絕對無法透過不使用剪刀與膠水的形變相互轉換。因為周圍的空間會影響圖形的位置。

考慮周圍空間的情況，三維空間中沒有「繩結」的扭結，與有「繩結」的扭結，不會是相同形狀。此時，我們會跟**同胚**做區別，將**相同形狀稱為等價（equivalence）**。即扭結A與扭結B同胚但不等價（**圖1-4**）。

當周圍空間為四維空間時，扭結A與扭結B可透過不使用剪刀與膠水的形變相互轉換。在三維空間打結後無法解開的扭結，放到四維空間中就能解開（參見**6-3**）。

幾何學有一種神奇曲面，稱為**克萊因瓶（Klein Bottle）**，這個曲面上有兩曲面相交的部分。但在三維空間中，無論怎麼不使用剪刀與膠水形變，或使用剪刀與膠水形變，都無法消除（解開）兩曲面相交的部分。然而，當周圍空間擴展一個維度，轉為四維空間後，就能以不使用剪刀與膠水的形變消除。對克萊因瓶來說，三維空間過於狹隘。關於這個部分會在後面**5-8**、**6-10**兩節中進一步解說。

圖1-4

扭結 A　　　　　　　　　扭結 B

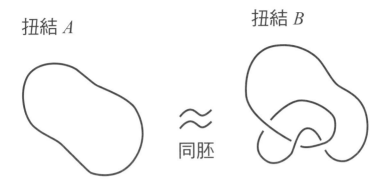

圖形本身同胚，但……

箱子＋扭結 A　　　　　　箱子＋扭結 B

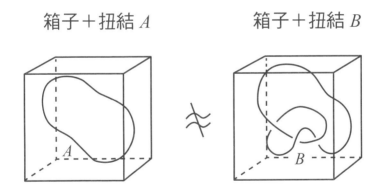

置入容器後就不一樣，圖形同胚但不等價。

1-5 百年無人能解的龐加萊猜想終得證明！

西元2000年，美國克雷數學研究所（Clay Mathematics Institute）公布七道未解決的數學問題，稱為**千禧年大獎難題**（每題的解題獎金為100萬美元），**龐加萊猜想（Poincare Conjecture）**就是其中一道難題。這個題目是1904年法國數學家昂利・龐加萊（Henri Poincare，1854～1912年）所提出，是一個拓樸學上的命題：

「任一單連通的三維封閉流形會與三維球面同胚」

這個猜想是否正確，在20世紀中並未獲得解決，直到2003年左右，才由俄羅斯數學家格里戈里・佩雷爾曼（Grigori Perelman，1966年～）成功證明。他因為這項功績，獲得媲美數學界諾貝爾獎的**費爾茲獎（Fields Medal）**。

然而，佩雷爾曼沒有出席2006年在西班牙馬德里（Madrid）舉辦的國際數學會議（行程包括費爾茲獎的授獎儀式），卻辭退費爾茲獎與千禧年大獎，並婉拒100萬美元的獎金。他的行為在當時造成話題，人們產生「謝絕獎金的人，是什麼人物？拓樸學是什麼學問？」等疑問，後來，他的事蹟登上報章雜誌版面，國際各大媒體包括日本NHK，都播放了佩雷爾曼與拓樸學的相關節目。

龐加萊猜想是屬於拓樸學領域的問題，但佩雷爾曼的證明是運用**微分幾何學、物理學**，所以當時的拓樸數學家沒辦法立刻理解，由於不是運用位相幾何學（拓樸學）方式證明，令人們感到驚訝。

昂利・龐加萊（Henri Poincaré by Henri Manuel. 1874-1947 Scientific Identity Portraits from the Dibner Library of the History of Science and Technology.）

簡圖、路線圖是我們身邊常見的拓樸學

讀到這邊，或許有人會產生「拓樸學感覺好抽象、好困難……」等印象，而且咖啡杯與甜甜圈根本是不同的形狀，要視為相同形狀，覺得這種想法有點怪怪的吧。

筆者我也不例外，想起在大學課堂上第一次接觸這門學問的時候，不像高中數學的「計算求解」，當時絞盡腦汁才能理解。

然而，拓樸學的思維其實就在我們身邊。

例如，當有人問路時，畫出**簡圖**說明，即可一目了然，此時不需要畫出完全正確的路寬、距離等，只要直接用簡單的線條表示道路，註明在哪個十字路口轉向哪邊即可。這種**「捨棄不必要的訊息」**，就是拓樸學的思維。

再者，轉乘地鐵前往目的地時，我們會查看**路線圖**，了解「在哪個車站轉搭哪條線」。路線圖的構想也是以「重點在於車站與車站之間的連結，但距離、方向與實際狀況不同也沒關係」為主，因此畫得簡單易懂。這正是拓樸學的思維。

第 2 章

簡圖是什麼？
是否能「一筆畫」完成？

本章將介紹「柯尼斯堡七橋問題（Seven Bridges of Konigsberg）」，轉換成簡圖（simple graph），討論圖形是否能夠一筆畫完成，接著介紹歐拉圖形（Eulerian graph）、漢密頓圖形（Hamiltonian graph），講解這些圖形是否也能夠一筆畫完成。

2-1 「柯尼斯堡七橋」問題

　　龐加萊奠定了拓撲幾何學的基礎。1895年，龐加萊發表厚達121頁的論文，完成了現在稱為**同調理論（Homology Theory）**的理論原型。然而，拓撲學的思維出現於更早之前，下面是瑞士數學家李昂哈德・歐拉（Leonhard Euler，1707～1783年）解決的問題，公認是拓撲學理論的濫觴。

　　「在普魯士王國（現在的俄羅斯）柯尼斯堡城的普列戈利亞河上，如圖架設了七座橋樑。能否找到一條路線，每座橋僅走一遍，走完這七座橋？」

　　這個問題稱為**柯尼斯堡七橋問題**，可視為拓撲學的形狀問題。河川、島（陸地）、橋的形狀和大小都不重要，可將每座島想成一個點，連結**島**與**島**的橋樑想成一條邊，將七橋轉變成簡單的圖形。如此由多個**點**與連結兩點的**邊**所構成的圖形，稱為**簡圖**（**圖2-1**）。

　　那麼，柯尼斯堡七橋轉為簡圖後，問題會變成：能否找到一條路徑，所有邊僅走一遍？滿足這個條件的簡圖，稱為**一筆畫圖形**。簡圖能夠一筆畫完成的充分條件為：簡圖各點相互連通，且**奇頂點**的個數為0或2。奇頂點是指頂點的連接邊數為奇數。此七橋問題的簡圖中，4個點皆為奇頂點，所以答案是「無法用一條路徑走完」。

圖2-1

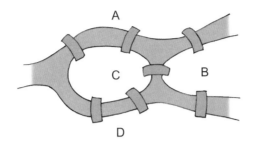

普列戈利亞河

柯尼斯堡七橋

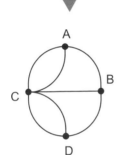

將陸地和島嶼畫成點，橋樑畫成線，轉化成簡圖。將這種一筆畫問題，轉為對應的簡圖，看起來會比較簡潔。

由點和邊構成的圖形，稱為簡圖，但線的兩端必須是點。

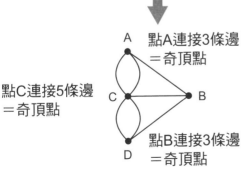

點A連接3條邊＝奇頂點

點C連接5條邊＝奇頂點

點B連接3條邊＝奇頂點

點D連接3條邊＝奇頂點

點A、B、C、D皆為奇頂點

奇頂點數有4個，所以不可能一筆畫完成

2-2 「歐拉圖形」是什麼？

在前一節2-1所介紹的一筆畫圖形，能夠一筆畫完成的路徑，稱為**歐拉路徑**（**Eulerian trail**），其中起點與終點一致的歐拉路徑，稱為**歐拉回路**（**Eulerian circuit**）。

歐拉回路是由某點出發經過所有路線後，再次回到原出發點的路徑。具有歐拉回路的簡圖，稱為**歐拉圖形**。

歐拉圖形的條件是什麼呢？直觀來說，歐拉圖形必須是相互連接的，也就是「簡圖中的任一頂點皆有路徑到達其他頂點」。這樣的簡圖稱為**連通的**。

如同前一節所述，連通的簡圖能夠一筆畫完成的充份條件為：奇頂點的個數為0或2。如圖2-2的說明，在奇頂點個數為2的簡圖中，歐拉路徑的起點與終點為該兩頂點，所以能夠一筆畫完成，但這樣的路徑不能稱作歐拉回路（因為沒有回到起點）。

另一方面，簡圖的奇頂點個數為0，也就是所有頂點皆為**偶頂點**（點的連接邊數為偶數），無論從哪個點出發都可畫成歐拉回路。換言之，歐拉圖形的充份條件為：**點相互連通，且所有頂點為偶頂點**。

另外，歐拉圖形是能夠找到一條路徑，所有邊僅走一遍的簡圖，各點可經過好幾次沒關係。

圖2-2

由於這兩點分開（不同的頂點），
所以不是歐拉回路（起點＝終點）。

奇頂點個數為2

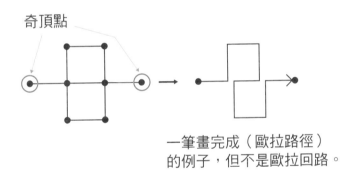

一筆畫完成（歐拉路徑）
的例子，但不是歐拉回路。

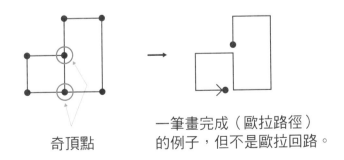

一筆畫完成（歐拉路徑）
的例子，但不是歐拉回路。

2-3 歐拉圖形的條件

這一節來舉幾個歐拉圖形的例子吧。在簡圖中，任意頂點間都恰有一條邊相連此簡圖者，稱為**完全圖**（complete graph）。令頂點的個數為 n，此簡圖記為 K_n，則頂點個數 n 在什麼條件下，K_n 會是歐拉圖形？因各頂點連接的邊數為 $n-1$，根據前一節的結論，可知條件是 $n-1$ 為偶數。換言之，**n 為奇數時**，K_n **是歐拉圖形**。

接著繼續用**完全二部圖**（complete bipartite graph）加深各位的理解吧。二部圖是頂點分為兩個集合，相同集合內的頂點不相連的簡圖（圖2-3-1）。其中，不同集合的兩頂點完全相連接的簡圖，稱為完全二部圖（圖2-3-2）。令各集合的頂點個數分別為 m、n，則此簡圖記為 $K_{m,n}$。

接著，運用跟上面一樣的方法，求完全二部圖 $K_{m,n}$ 為歐拉圖形的條件。圖形明顯是連通的，剩下**所有頂點需為偶頂點**。因此，完全二部圖 $K_{m,n}$ 在 m 與 n 同為偶數時是歐拉圖形，m 或 n 為奇數時則不是歐拉圖形。

無視正多面體的邊長，將之畫成平面簡圖，稱為**正多面體圖**（參見下一節2-4圖）。正多面體有正四面體、正六面體、正八面體、正十二面體、正二十面體等5種，其中只有正八面體的各頂點是連接偶數邊。因此，只有正八面體圖是歐拉圖形。

圖2-3-1

二部圖

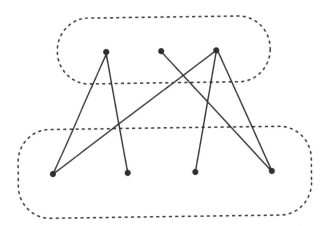

若不同集合的兩頂點未全部相連接，則圖形不「完全」，僅為一般二部圖。

圖2-3-2

完全二部圖　　$K_{4,3}$

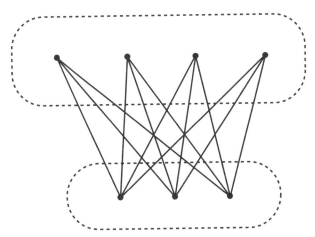

若不同集合的兩頂點全部相連接，會是完全二部圖。

2-4 「漢密頓圖形」是什麼？

漢密頓路徑（**Hamiltonian path**）、漢密頓回路（**Hamiltonian circuit**）跟歐拉路徑、歐拉回路的概念相似。漢密頓路徑是簡圖的所有頂點僅經過1次，且可不經過所有的邊。其中，起點與終點一致的漢密頓路徑稱為**漢密頓回路**；具漢密頓回路的簡圖稱為**漢密頓圖形**。

尋找漢密頓回路，可以送報紙為例，將訂閱戶的家想成頂點，道路想成邊，然後思考高效率的配送路徑。雖然我們已知簡圖為歐拉圖形的充分條件，但還不知道漢密頓圖形的充分條件。判斷一個圖形是否為漢密頓圖形，屬於**非確定性多項式完整問題**（NP-complete problem，高效率判斷演算法，目前無法解決這種問題）。

例如，完全圖就是漢密頓圖形。那麼完全二部圖 $K_{m,n}$ 呢？當 $m = n$ 可形成封閉路徑，且若 $m = n$，圖形即是漢密頓圖形。

正多面體圖是漢密頓圖形（圖2-4-1）。漢密頓圖形的**漢密頓**是源自研究正十二面體漢密頓回路的愛爾蘭數學家威廉‧漢密頓（William Hamilton，1805～1865年）。畫在平面上的一般多面體，其中有些非正多面體並不是漢密頓圖形，圖2-4-2是英國數學家H.S.M.考克斯特（H.S.M. Coxeter，1907～2003年）舉出不是漢密頓圖的多面體圖例子。

圖2-4-1

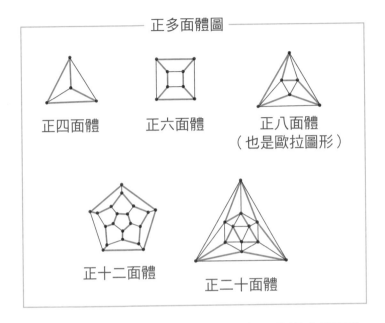

具有漢密頓回路的正多面體圖，紅線部分為漢密頓回路。

圖2-4-2

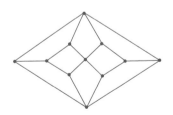

H.S.M.考克斯特舉出的非漢密頓圖形多面體圖。

2-5　拓樸學的語源與發展

　　拓樸學直接音譯英文Topology，語源為希臘文topos與logos，意思分別為「topos＝位置、logos＝解析」。Topology這個詞是德國數學家約翰・利斯廷（Johann Listing，1808～1882年）在1847年首次發表於德國期刊上。

　　然而1847年後，等到Topology這個詞再度出現在期刊上，則是在1883年《Nature》（自然）期刊報導利斯廷逝世的紀念文中，寫到「不同於歐幾里得幾何學的幾何＝Topology」。此時的描述仍與現在的拓樸學不同。

　　十九世紀末左右，經過對集合論發展有所貢獻的德國數學家格奧爾格・康托爾（Georg Cantor，1845～1918年）等多位數學家之手，才逐漸演變為現代拓樸學。後來拓樸學分歧，出現各種領域，至今仍在發展中。

　　具體來說，1895年，龐加萊導入同倫理論（Homotopy Theory）、同調理論（Homology Theory），發展出現在的代數拓樸學。進入廿世紀後，波蘭數學家卡齊米日・庫拉托夫斯基（Kazimierz Kuratowski，1896～1980年）導入**拓樸空間**的定義，促進高維圖形的活躍研究（代數拓樸學、微分拓樸學、普通拓樸學等），至今仍在蓬勃發展。1970年後，主要盛行三維、四維圖形的研究（低維拓樸學），1980年發展出低維拓樸學之一的**扭結理論（Knot Theory）**，直到現在。

本書中代表性的拓樸學研究學者專家

人名	生年 / 歿年	國籍
李昂哈德・歐拉	1707～1783	瑞士
卡爾・弗里德里希・高斯	1777～1855	德國
威廉・漢密頓	1805～1865	愛爾蘭
約翰・利斯廷	1808～1882	德國
格奧爾格・康托爾	1845～1918	德國
費利克斯・克萊因	1849～1925	德國
昂利・龐加萊	1854～1912	法國
馬克斯・德恩	1878～1952	德國
庫爾特・萊德邁斯特	1893～1971	德國
卡齊米日・庫拉托夫斯基	1896～1980	波蘭
赫爾伯特・塞弗特	1907～1996	德國
H.S.M.考克斯特	1907～2003	英國
威廉・瑟斯頓	1946～2012	美國
格里戈里・佩雷爾曼	1966～	俄羅斯

按生年順序排列，生年相同者按歿年順排列。

「博羅梅安環」能否一筆畫完不重覆？

請思考下述問題。義大利世家有一種古老家紋「博羅梅安環（**Borromean rings**）」如下圖：

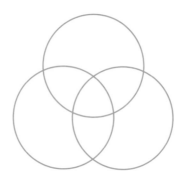

我們能否一筆畫出這個環，路徑不重覆？答案是「可以」，如下面這個例子說明。

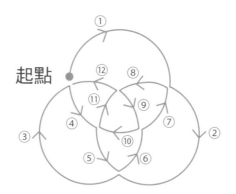

第 3 章

認識拓樸不變量
圖形區別的工具

圖形經過伸縮扭曲仍舊不變（沒有改變）的性質，稱為「拓樸不變量」。在第三章的前半段，我們會介紹幾個拓樸不變量，後半段則會實際計算歐拉示性數（Euler characteristic）這個拓樸不變量。

3-1 「歐幾里得空間」是什麼？

n 維歐幾里得空間是 n 個實數（$a_1, a_2, \dots, a_n$）的集合，記為$\mathbb{R}^n$。$\mathbb{R}$ 是**實數**英文real number的字頭R，例如三維歐幾里得空間是3個實數（a_1, a_2, a_3）的集合，記為 $\mathbb{R}^3$。不過，一維歐幾里得空間通常不寫成 $\mathbb{R}^1$，而是省略右上角的數字1記為 $\mathbb{R}$（**圖3-1**）。

一維歐幾里得空間 $\mathbb{R}$ 的圖形為**數線**。二維歐幾里得空間 $\mathbb{R}^2$ 和三維歐幾里得空間 $\mathbb{R}^3$ 的圖形，分別為**平面、空間**，由2條或3條數線垂直相交於原點，圖上各點以2個或3個數值表示為坐標。

當 $n \geq 4$ 時，$\mathbb{R}^n$ 的圖形不容易想像。例如，$\mathbb{R}^4$ 是**4條數線垂直相交的世界**，但在我們生活的空間裡，沒辦法實現這樣的概念。我們僅能自行想像有那樣的世界，將 $\mathbb{R}^4$ 表為4個實數（a_1, a_2, a_3, a_4）的集合來處理。

因為 $\mathbb{R}^n$ 的點可用 n 個數值來表示，所以能夠用這些數值，來討論兩點間的距離。$\mathbb{R}^n$ 的點 $\alpha = (a_1, a_2, \dots, a_n)$ 與點 $\beta = (b_1, b_2, \dots, b_n)$ 的**距離 $d(\alpha, \beta)$**，意謂連結兩點 α 與 β 的最短距離，公式如下：

$$\sqrt{\sum_{i=1}^{n}(a_i - b_i)^2}$$

圖3-1

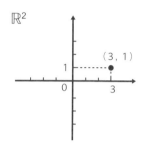

一維歐幾里得空間

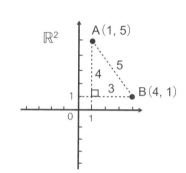

二維歐幾里得空間

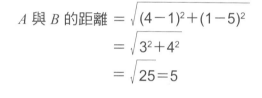

$$A \text{ 與 } B \text{ 的距離} = \sqrt{(4-1)^2 + (1-5)^2}$$
$$= \sqrt{3^2 + 4^2}$$
$$= \sqrt{25} = 5$$

三維歐幾里得空間

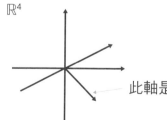

此軸是由紙面垂直射出

四維歐幾里得空間

3-2 「圖形」是什麼？

本書將歐幾里得空間的子集合，稱為**圖形**，前面已經介紹過幾個圖形，例如**1-2**的扭結、**1-3**的環體、英文字母、圓環面、與圓環面同胚的圖形、莫比烏斯帶、與莫比烏斯帶同胚的圖形。

其他還有各種不同的圖形，例如簡單的有實心球體、球體表面（如沙灘排球等物體），環體表面、圓環體、莫比烏斯帶的尾端部分也是圖形。環體表面形似游泳圈，環體表面形狀的圖形稱為**環面（torus）**，其他還有雙人游泳圈（圖3-2-1）。

球體稱為**（三維）球體**，表面稱為**（二維）球面**。球體又分為一維球體、二維球體、……，通常討論到 n 維球體（圖3-2-3）。一維球體為線段或與線段同胚的圖形；二維球體為圓盤或與圓盤同胚的圖形。

同樣的，球面也有無限多種，可以討論到 n 維球面。零維球面為兩點；一維球面為圓周或與圓周同胚的圖形（圖3-2-3）；三維球面為像是三維空間 $\mathbb{R}^3$ 的圖形。然而，四維以上的球體、球面則難以想像。

不過，請大家放心，本書主要是處理三維以下的圖形。各位可將一維圖形想為線段般的圖形，二維圖形想為平面般扁平的圖形，三維圖形想為空間般具有厚度的圖形。但是，若沒有指定半徑大小，球體與球面還包括形狀歪曲的圖形。

圖3-2-1

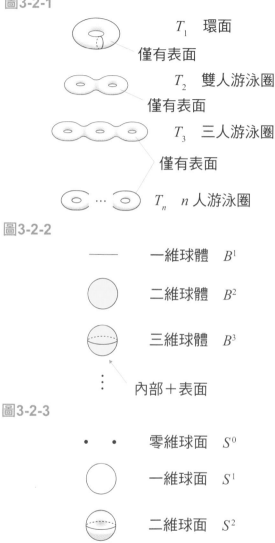

T_1　環面

僅有表面

T_2　雙人游泳圈

僅有表面

T_3　三人游泳圈

僅有表面

T_n　n 人游泳圈

圖3-2-2

—— 一維球體　B^1

二維球體　B^2

三維球體　B^3

$\vdots$

內部＋表面

圖3-2-3

• •　零維球面　S^0

一維球面　S^1

二維球面　S^2

$\vdots$

僅有表面

※符號 B^n 表示以 $\mathbb{R}^n$ 的原點為中心，半徑1以下的點集合圖形（n 維單位球體）。符號 S^{n-1} 表示以 $\mathbb{R}^n$ 的原點為中心，半徑1的點集合圖形（$n-1$ 維單位球面）。在本書中，若沒有特別說明，與 B^n、S^{n-1} 同胚的圖形，分別指 n 維球體、$n-1$ 維球面。

3-3 「拓樸不變量」是什麼？

　　球面與環面不同胚，無論怎麼扭曲變形，只要沒有破裂、連接，球面就不會變成環面，環面也沒辦法變成球面。然而，透過剪刀與膠水的形變，兩者真的沒有辦法相互轉換嗎？

　　我們目前討論的圖形比較簡單，能夠直觀地理解兩者不同胚，但有些人可能無法認同。另外，由於圖形中還有複雜的形狀，因此有可能遇到難以判斷是否同胚的例子。

　　此時，我們需要用來判斷的數學「工具」。以「烹飪料理」作為比喻，就像將同胚的圖形放進去，必定能做出相同料理的工具。實際上，這個數學工具就像是映射，料理就像是數值或多項式，這樣的工具統稱為**拓樸不變量**。但是，即便兩圖形的拓樸不變量數值相同，也未必是同胚的圖形。

　　環面有1個孔洞，n 人游泳圈有 n 個孔洞，孔洞數稱為**虧格（genus）**，表示一種拓樸不變量（圖3-3）。因此，我們可說球面、環面、雙人以上游泳圈不同胚。

　　順便一提，虧格翻自英文的genus，原意為「種類」「部類」「類」，在生物學分類上則是「屬」的意思。

圖3-3

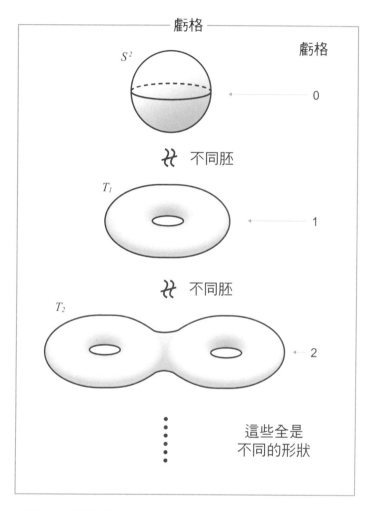

虧格為拓樸不變量，表示孔洞的數量。

3-4 「成分數」與「維度」是拓樸不變量

這一節會介紹比「虧格」更單純的拓樸不變量——**成分數**與**維度**。

圖形的（**連通**）**成分**是指每個連接的圖形，成分數意指成分的數量。圖形是空間中的子集合，所以分散開來的東西也可視為1個圖形。例如，令含有5個成分的集合為圖形 X，則圖形 X 的成分數為5。成分數不同的圖形，無論是否使用剪刀與膠水形變，都沒有辦法相互轉換，所以成分數是拓樸不變量。

假設圖形 Y 含有1個圓，則 Y 的成分數為1，可判斷 X 與 Y 是不同的圖形（圖3-4-1）。

然而，球面與球體的成分數都是1，我們沒辦法以成分數來區別圓周、球面與球體。**維度**可用來區別圓周、球面與球體的拓樸不變量，亦即維度不同的兩圖形不同胚。Y 為一維、球面為二維、球體為三維圖形，可判斷這三個圖形是不同的圖形。

歐幾里得空間也是一種圖形，不同維度的歐幾里得空間不同胚，例如 $\mathbb{R}$ 和 $\mathbb{R}^2$ 不同胚、$\mathbb{R}^7$ 和 $\mathbb{R}^{10}$ 也不同胚，相當直觀明顯（圖3-4-2）。

可是，球面、環面、雙人游泳圈、……、n 人游泳圈，都是連通成分數為1的二維圖形，沒辦法用「成分數」與「維度」來區別。

圖3-4-1

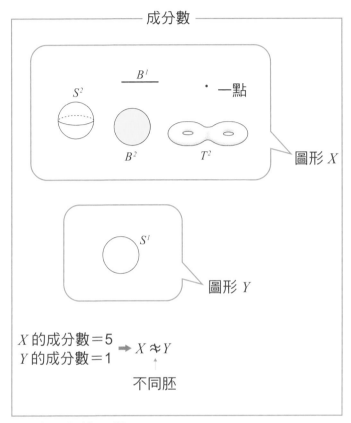

成分數是拓樸不變量。

圖3-4-2

3-5 計算歐拉示性數的 「三角形分割」是什麼？

此節說明圖形的**三角形分割**與**歐拉示性數**。歐拉示性數是圖形的拓樸不變量（參見3-3），求法有好幾種，包括適當分割圖形的方法。其中，三角形分割是最基本的圖形分割方法。

1個點稱為**零維單體**，1條線稱為**一維單體**，分別是零維圖形與一維圖形中最單純的圖形。三角形稱為**二維單體**，這也是二維圖形的多角形中，頂點數最少的單純圖形。三維多面體（以平面圍起的三維圖形）中，四面體是最單純的圖形（圖3-5-1）。這是以三維歐幾里得空間中，**一般位置**上的四點（亦即三點不在同一直線上、四點不在同一平面上）為頂點所構成的圖形，稱為**三維單體**。

一般來說，以 k 維歐幾里得空間中，一般位置上的 $k+1$ 個點為頂點的圖形，稱為 **k 維單體**。此時，以 $k+1$ 個頂點的子集合為頂點的圖形也會是單體，稱為此 k 維單體的**面**。

在分割圖形時，構成部件全為單體，所有單體的面皆是構成部件，且兩單體的共通部分視為各單體的面，這樣的分割稱為**三角形分割**（圖3-5-2是 $k=3$ 的情況）。

圖形的歐拉示性數，如下定義（圖3-5-2）：

（零維單體的個數）－（一維單體的個數）＋（二維單體的個數）－（三維單體的個數）＋⋯⋯

圖3-5-1

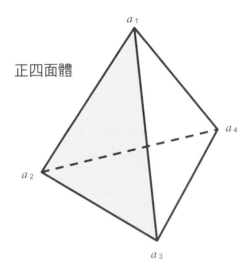

正四面體

圖3-5-2

正四面體的三角形分割

零維單體的集合 $= \left\{ \overset{a_1}{\bullet}, \overset{a_2}{\bullet}, \overset{a_3}{\bullet}, \overset{a_4}{\bullet} \right\}$ 4個

一維單體的集合 $= \left\{ {}^{a_1}_{a_2}, {}^{a_1}_{a_3}, {}^{a_1}_{a_4}, {}_{a_2}{}^{a_4}_{a_3}, {}_{a_2}{}^{a_4}, {}^{a_4}_{a_3} \right\}$ 6個

二維單體的集合 $= \left\{ {}_{a_2}\overset{a_1}{\triangle}_{a_3}, {}^{a_1}_{a_3}\triangleright_{a_4}, {}_{a_2}\triangleright^{a_4}_{a_3}, {}^{a_1}\triangle_{a_4} \right\}$ 4個

正四面體的歐拉示性數 $= 4-6+4 = 2$

3-6 「單元分割」求歐拉示性數

一般來說，對圖形進行三角形分割時，需要許多作為面的三角形，在計算歐拉示性數時不怎麼實用。

將三角形分割一般化稱為更單純的**單元分割**，是比較實用的分割法。三角形分割是單元分割，但有很多單元分割是用三角形分割所解不出來的。

圖3-6-1是環面的單元分割，圖3-6-2與圖3-6-3是球面的單元分割。如同所見，這是比三角形分割更為單純的分割方式。

單元分割的部件不需像三角形分割一樣必須是**單體**。若為 n 維開球體（**不包括球面邊界**的 n 維球體），邊界只要是 $n-1$ 維以下的複數部件聯集即可，但不同部件的交集不可為空集合。單元分割的各部件稱為**單元**或**胞體**。

以單元分割圖形的歐拉示性數會如下定義：

（零維單元的個數）－（一維單元的個數）＋（二維單元的個數）－（三維單元的個數）＋……

這邊來用圖3-6-2與圖3-6-3計算球面的歐拉示性數吧。圖3-6-2中零維單元的個數為1、一維單元的個數為0、二維單元的個數為1，所以歐拉示性數為 $1-0+1=2$。圖3-6-3中零維單元的個數為2、一維單元的個數為2、二維單元的個數為2，所以歐拉示性數為 $2-2+2=2$。

圖3-6-1

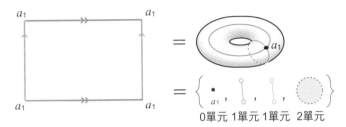

0單元　1單元　1單元　2單元

註：0單元為零維單元，1單元為一維單元，
　　2單元為二維單元

歐拉示性數＝1－2＋1＝0

圖3-6-2

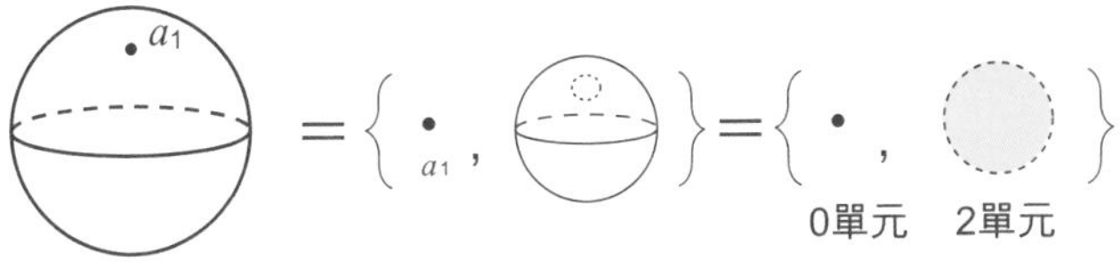

$$歐拉示性數＝1－0＋1＝2$$

圖3-6-3

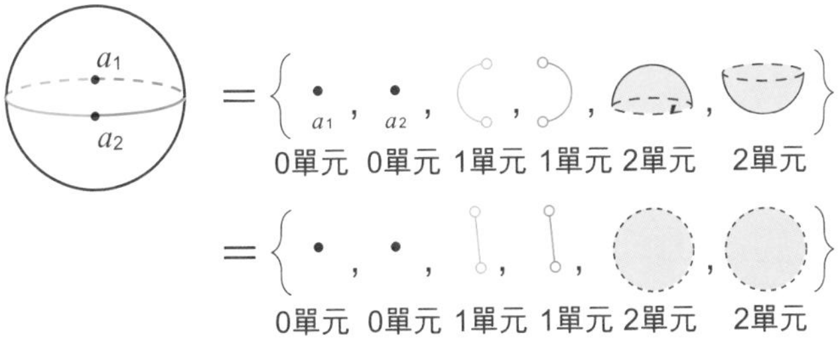

0單元　0單元　1單元　1單元　2單元　　2單元

0單元　0單元　1單元　1單元　2單元　　2單元

歐拉示性數＝2－2＋2＝2

3-7 「正多面體」的歐拉示性數

如同3-5、3-6所見，歐拉示性數可藉由適當分割圖形求得。歐拉示性數是拓樸不變量，同胚圖形分割後的部件，連通情況大致相同。另外，分割方式可能造成點、邊數量不同，但歐拉示性數不會因此改變，最後會是固定的唯一值。關於這件事，在這一節不再深入討論。

接著，我們來求正多面體的歐拉示性數，確認所有數值是不是都相同（圖3-7）。

在空間內由有限多角形構成的圖形中，各多角形必有一邊與其他多角形共用的圖形稱為**多面體**。構成多面體的各多角形為**面**，多角形的頂點、邊分別為多面體的**頂點**、**邊**。此時，多面體的歐拉示性數如下表示：

（頂點的個數）－（邊的個數）＋（面的個數）

一起來求正四面體的歐拉示性數。正四面體的頂點個數為4、邊的個數為6、面的個數為4，所以正四面體的歐拉示性數會是4－6＋4＝2。其他正多面體請參考右頁的計算。

由此可知，**正多面體的歐拉示性數皆為2**。

順便一提，證明無孔多面體的歐拉示性數皆為**2**，這個人就是在2-1節提到的數學家歐拉，這個定理也因此稱為**歐拉多面體定理**。

圖3-7

令歐拉示性數為 χ，則

$\chi＝（頂點個數）－（邊的個數）＋（面的個數）$

正四面體
$\chi＝4－6＋4＝2$

正六面體
$\chi＝8－12＋6＝2$

正八面體
$\chi＝6－12＋8＝2$

正十二面體
$\chi＝20－30＋12＝2$

正二十面體
$\chi＝12－30＋20＝2$

正多面體的歐拉示性數皆為2

3-8 「T_1、T_2」的歐拉示性數

這一節會討論以多面體作成環面 T_1、雙人游泳圈 T_2 的圖形，計算其歐拉示性數，並推測一般 n 人游泳圈 T_n 的歐拉示性數。

環面 T_1 與圖3-8-1的多面體同胚，此多面體的分割（單元分割），頂點（零維單元）個數為16、邊（相當於一維單元）的個數為32、面（相當於二維單元）的個數為16，所以環面 T_1 的歐拉示性數**（頂點個數）－（邊的個數）＋（面的個數）**會是16－32＋16＝0。在此說「相當於」是因為一、二維單元是沒有邊界的邊、面。

接著，我們來討論雙人游泳圈 T_2 吧。例如，如圖3-8-2多面體的分割（單元分割），頂點個數為24、邊的個數為48、面的個數為22，所以歐拉示性數會是24－48＋22＝**－2**。

如同上述，每增加1個虧格，頂點個數增加8、邊的個數增加16、面的個數增加6，所以 **n 人游泳圈 T_n 的歐拉示性數推測為2－2n**。

令圖形 X 的歐拉示性數與虧格數為 $\chi(X)$、$g(X)$，可列出下面公式：

$$\chi(T_n) = 2 - 2g(T_n), n = 1, 2, \cdots$$

只要知道 T_n 的歐拉示性數 $\chi(T_n)$，就能由上述公式推得 T_n 的虧格數 $g(T_n)$，反之亦然。

由各不變量來看，**可判斷 T_1、T_2、……皆不同胚。**

※ χ 為希臘文字母，讀音chi。

圖3-8-1

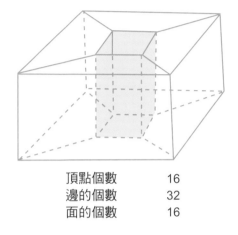

頂點個數	16
邊的個數	32
面的個數	16

$$\chi = 16 - 32 + 16 = 0$$

圖3-8-2

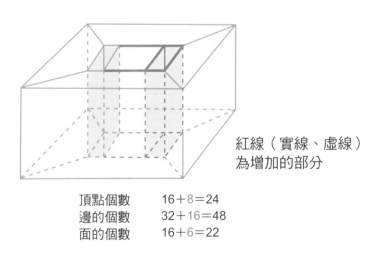

紅線（實線、虛線）
為增加的部分

頂點個數	16＋8＝24
邊的個數	32＋16＝48
面的個數	16＋6＝22

$$\chi = 24 - 48 + 22 = -2$$

Column 3

「三菱形」能否一筆畫完不重覆？

這是《愛麗絲夢遊仙境》作者路易斯・卡羅（Lewis Carroll）所想出來的圖形，請一筆畫完下面三菱形所構成的圖。

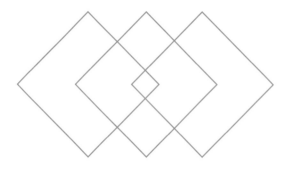

這是一種可能的路徑。

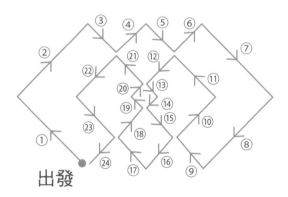

第 4 章

映射是什麼？

理解拓樸學，不可不知「連續映射」

集合到集合的對應稱為「映射」。第4章中，我們要學習在拓樸學中具有重要功能的「連續映射」，並解說「同胚映射」「德恩扭轉」「合痕」「同倫」等連續映射。

4-1 「映射」是集合到集合的對應

假設有集合 X 與集合 Y，從 X 到 Y 的**映射**（map）是指 X 的各元素對應一個指定的 Y 元素（圖4-1）。令此映射為 f，則符號記為 $f：X{\to}Y$，X 的元素 a 對應 Y 的元素 b 記為 $f(a)＝b$。

例如，假設 X 為男性集合、Y 為女性集合。X 中各男性指定 Y 女性中一位喜歡的人，就是從 X 到 Y 的一個映射。可能出現同時有兩位以上男性指定的女性，或沒有任何男性所指定的女性。

從 X 到 Y 的**一對一映射**、**嵌射**（injection），是指 X 的不同元素分別對應 Y 的不同元素。以上述例子來說，X 中各男性不指定同一女性的對應，就是一對一映射。若每個 Y 元素皆有對應的 X 元素（對應值），稱為**蓋射**（surjection）或**映成映射**（onto-mapping）；不是這樣的情況時，稱為**映入映射**（into-mapping）。以上述的例子來說，沒有未被男性所指定的女性，這樣的對應就是蓋射；有未被任何男性所指定的女性，這樣的對應就是映入映射。

若映射為「一對一蓋射」〔**對射**（bijection）〕，則反過來對應也會是映射，稱為原映射的**反映射**（inverse mapping）。若集合 X 的各元素都對應集合 Y 的同一元素，這樣的映射稱為**常數映射**（constant mapping）。以上述例子來說，X 中所有男性都指定同一位女性，這樣的應對方式就是常數映射。若從集合 X 到集合 X，各元素分別對應自己本身的映射，則稱為**恆等映射**（identity mapping）。

圖4-1

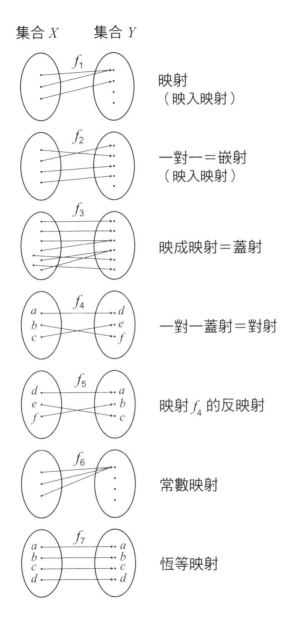

4-2 「連續映射」是什麼？

假設集合 X 與 Y 如歐幾里得空間（參見3-1），是能夠在各別集合內測量距離的集合。在討論從 X 到 Y 的映射時，**該映射的連續**在拓樸學上具有重要的意義。

「從 X 到 Y 的映射**在 X 的點 a 連續**」表示，**在 X 中鄰近點 a 的點會映射到 Y 中點 a 的對應值附近**。然後，當 X 的所有點連續時，則「從 X 到 Y 的**映射連續**」，這樣的映射稱為**連續映射**。

以1-2的例子來說明，令三維（歐幾里得）空間中，子集合的扭結 A 為集合 X，假設集合 Y 為三維空間，且扭結 B 存在於 Y 中。此時，讓扭結 A 繩子上的點對應到扭結 B 上相同的位置，就會形成連續映射。扭結 A 的某點與附近的點映射至扭結 B 上時，會對應到鄰近的位置。同理，從用剪刀切斷的圖形（1條線段）到扭結 B 的相同對應，也會是連續映射。

再舉一個例子。讓各時刻對應你在該時刻的位置，想成從 $X=$（時刻的集合）到 $Y=$（宇宙空間）的映射，則此映射會是連續映射。因為在某個瞬間的前後，你會在原所在位置的附近。反過來說，即便你想從現在位置前往遙遠的他處，也會因時間過短而無法到達。除非你具有瞬間移動能力，否則映射會是連續的（圖4-2）。

圖4-2

以步行的情況來說，個人的所在位置會隨著時刻推進連續變化。此時，因為不會瞬間移動，所以可說是連續映射。

4-3 「同胚映射」是什麼？

到目前為止，我們是以直觀的方式，理解兩圖形同胚。換言之，若能透過「不使用剪刀與膠水的形變」或「使用剪刀與膠水的形變」相互轉換，則兩圖形同胚。然而，在數學專門書籍中，通常是如下定義兩圖形同胚：

若兩圖形 X 與 Y 能以**同胚映射**對應，則稱兩者**同胚**（homeomorphism），記為 $X \approx Y$。

本身為一對一連續映成映射且**反映射**也連續，這樣的映射稱為**同胚映射**。

例如，以圖4-3-1來討論實數全體集合 $\mathbb{R}$ 到實數全體集合 $\mathbb{R}$ 的映射 $f(x) = x$ 吧（此時，映射通常稱為**函數**）。此映射為一對一對應（恆等映射，圖4-3-2），因為若 $a \neq b$，由 $f(a) = a \neq b = f(b)$ 成立可知 $f(a) \neq f(b)$。另外，因為 x 包括所有的實數，所以對應點 $f(x) = x$ 也涵蓋所有的實數，可知此映射為蓋射。

再者，由簡圖連通可直觀地瞭解此映射為連續映射（連續的嚴謹證明有些複雜，這邊不深入討論）。如此，由 $f(x)$ 為一對一連續映成映射，可知此映射的反向對應（反映射）存在且同樣為連續的，所以 $\mathbb{R}$ 與 $\mathbb{R}$ 同胚。兩個實數全體的集合 $\mathbb{R}$ 理所當然會相同，這是非常明顯的例子。

圖4-3-1

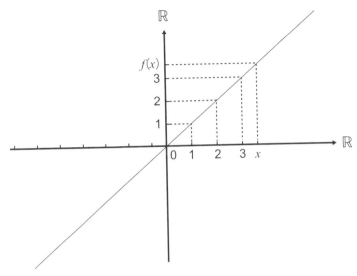

從數的集合到數的集合
的映射，稱為函數。

圖4-3-2

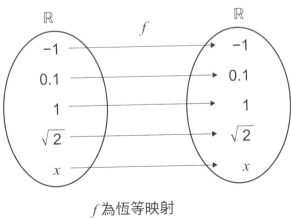

f為恆等映射

4-4 舉例說明「同胚映射」

能夠透過「不使用剪刀與膠水的形變」及「使用剪刀與膠水的形變」相互轉換的兩圖形，真的能用同胚映射對應嗎？在這裡舉例，以直覺進行確認。

英文字母**D**與**O**為同胚圖形（參見 1-3）。我們來討論這兩個圖形之間的同胚對應。

例如，圖4-1-1這樣的對應，因為不同的點映射到不同的點，所以是**一對一映射**。又因所有對應點 y 皆有固定的 x，所以是**映成映射**。再者，相近的點會映射到鄰近的點，所以是**連續對應**。反向對應也為同樣的情況。

1-2 的扭結 A 與扭結 B 為同胚圖形。這兩圖形之間的同胚對應如何呢？令 $X=$（扭結 A）、$Y=$（扭結 B）。

例如，將從 X 到 Y 的映射如 4-2 想成相同點間的對應，則此對應（映射）會是一對一映成映射的連續對應（圖4-4-2）。這個的反向對應（反映射）也跟 4-2 一樣為連續的，此對應會是同胚映射。

兩圖形間只要存在一個同胚對應（映射），則兩圖形就會是同胚。以上就是能透過「不使用剪刀與膠水形變」相互轉換的圖形，兩者間的同胚映射。

而能透過使用剪刀與膠水形變相互轉換的圖形之間，也存在同胚映射。因為兩圖形的連通情況相同，想成相同點之間的對應，就可視為與上述情況相同。

圖4-4-1

英文字母O

讓這兩點對應

讓所有點都像這樣對應後，

$\bigcirc \rightarrow \bigcirc$ 會是一對一的對應。

英文字母D

圖4-4-2

由於原本就是使用同一條繩子，所以能夠讓相同位置的點對應。

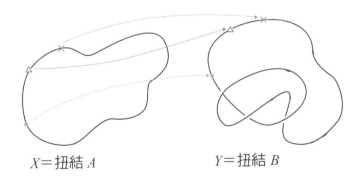

X＝扭結 A　　　　Y＝扭結 B

讓所有點相互對應後，$X \rightarrow Y$ 就是一對一的映成映射。

4-5　合痕形變與同倫形變

　　不使用剪刀與膠水的形變，在數學術語上稱為**合痕形變**。這一節就來講述合痕變形與更為常見的**同倫形變**。

　　對於圖形 X、Y 與兩連續映射 $f, g : X \to Y$，若存在連結 f 與 g 的連續映射 $H(t)$，則稱 f 與 g 為**同倫的**，映射 $H(t)$ 為 f 與 g 之間的**同倫**（homotopy）。在此的 t 表示時刻（$0 \leq t \leq 1$）。換言之，同倫是讓圖形間的連續映射，產生連續變形的映射。

　　圖4-5-1是同倫（形變）的圖示。令 $X = S^1$（平面 $\mathbb{R}^2$ 上的單位圓）、$Y = \mathbb{R}^2$（平面），假設映射 f 為從 S^1 到 S^1 的恆等映射（讓相同點對應的映射），映射 g 為從 S^1 到原點的常數映射。

　　此時，如圖4-5-1，f 與 g 之間的同倫在 $t = 0$ 時會是映射 f，隨著時間經過轉為圓周半徑逐漸變小的映射，在 $t = 1$ 時變成映射 g。另外，此時的同倫形變是圖4-5-1右側由上至下的變形。

　　兩圖形能否透過同倫形變相互轉換，跟周圍圖形 Y 的形狀有關。此圖的例子是 $Y = \mathbb{R}^2$，但若假設 Y 為平面去掉平面上點 $(0, \frac{1}{2})$ 的圖形，點 $(0, \frac{1}{2})$ 的地方被挖空，則圓周無法連續地變形為一點。

　　另外，當 $H(t)$ 在各時刻 t 是同胚映射時，f 與 g 為**合痕的**，映射 $H(t)$ 為 f 與 g 的**合痕**（isotopy）。圖4-5-2是合痕（形變）的圖示。

圖4-5-1

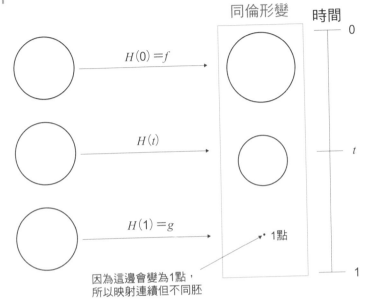

同倫形變

時間

$H(0) = f$

$H(t)$

$H(1) = g$

・1點

0

t

1

因為這邊會變為1點，
所以映射連續但不同胚

圖4-5-2

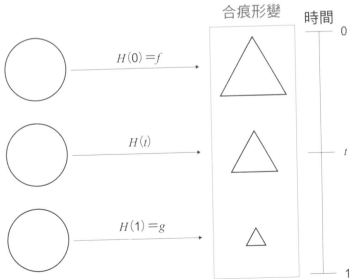

合痕形變

時間

$H(0) = f$

$H(t)$

$H(1) = g$

0

t

1

4-6 稱為「德恩扭轉」的同胚映射

這一節會介紹**德恩扭轉**（Dehn twist）這種同胚映射。

德恩扭轉是指，在從 n 人游泳圈 T_n 到 n 人游泳圈 Tn 的同胚映射上，能透過「使用剪刀與膠水形變」的映射。這邊會學習從環面 T_1 到環面 T_1 的德恩扭轉。

此形變的流程如下（**圖4-6**）。先在 T_1 描出一個**單一閉曲線（沒有交點的封閉曲線）**（圖中的紅線），沿著 T_1 不分成兩塊、可形成圓環面的單一閉曲線剪開。然後，將圓環面轉為筒狀，如圖轉（扭轉）整數圈（圖為轉1圈），再將剪開部分黏回原狀，即完成變形。完成的圖形仍舊是環面。

此時，再從原圖形 T_1 到完成圖形 T_1 的對應（映射），讓相同點對應，即為**德恩扭轉**。在變形後的 T_1 上有先前畫的閉曲線，可想成是原閉曲線映射到這條曲線。

如果有人難以想像此對應方式，可先在原環面畫上網眼模樣，再進行變形，這樣可使映射視覺化，有助加深印象。

從 n 人游泳圈 T_n 到 n 人游泳圈 T_n 的同胚映射，是經過反覆數次合痕形變、德恩扭轉才得以實現。這是由德國的數學家馬克斯・德恩（Max Dehn，1878～1952年）成功證明，稱為**德恩定理**。

圖4-6

德恩扭轉的例子

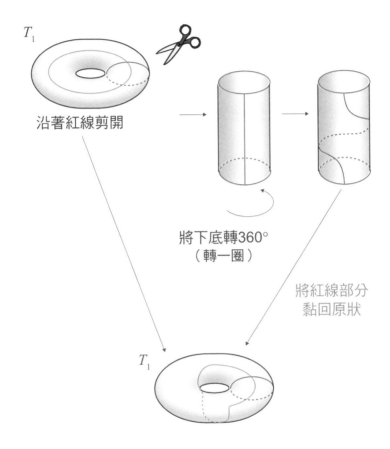

T_1

沿著紅線剪開

將下底轉360°
（轉一圈）

將紅線部分
黏回原狀

T_1

「定點定理」是什麼？

準備兩張相同區域、不同比例尺的地圖，適當重疊兩張地圖，讓較小的地圖能夠完全進入較大的地圖。此時，地圖上會有一個相同地點重疊，各位知道這件事嗎？

再來，用湯匙攪拌咖啡杯中的咖啡，水面會形成渦狀流動。此時，由過往經驗大家應該都知道，正中央附近的漩渦中心會出現一個不動的點（定點）。下述的定理就在說明這些情況：

「從 n 維單位球體到 n 維單位球體的連續映射上，必定存在一定點。」

此定理稱為**布勞威爾定點定理（Brouwer's fixed-point theorem）**。這是拓樸學上一項優秀的成果，已經應用於各大領域中。

地圖的例子是 $n=2$ 的情況，相當於從圓盤（較小的地圖）到圓盤（較大的地圖）中**連續映入映射的例子**。若較小地圖上的各點 x 映射到較大地圖上的對應點 $f(x)$，映射 f 會是連續映射。

咖啡的例子也是 $n=2$ 的情況，相當於圓盤（水面）到圓盤（水面）的連續映射例子。此時，若水面上的各點 x 映射到1秒後水面上的點 $g(x)$，則映射 g 會是連續映射。因為鄰近點 x 的點，1秒後仍舊會在附近，根據定點定理，可知「水面上會出現滿足 $g(x)=x$ 的點 x」。

第 5 章

流形是什麼？
二維流形是指曲面

與局部歐幾里得空間同胚的圖形稱為「流形」。本章要介紹二維流形（曲面）是什麼圖形，並舉例說明「射影平面」「克萊因瓶」。

5-1 「流形」是什麼圖形？

本章中要討論的是任何一處周圍都與 n 維歐幾里得空間在拓樸學上形狀相同的空間，亦即 **n 維流形**（manifold）的空間。

n 維流形是各點周圍局部與 n 維單元開球體（參見3-6）同胚的圖形。本節會說明 $n=2$ 時的流形。大略來說，二維流形是相當複雜的空間，但就局部來看，可視為「無邊界的圓盤（開圓盤）」（圖5-1-1）。

例如，環面就是二維流形。假設你身處於這樣的曲面「世界」，不是站在曲面上，而是被關進曲面中、沒有厚度的存在。此時，你會怎麼認識自己所處的世界呢？

你的周圍會**與無邊界的圓盤同胚**，亦即**周圍的世界跟平面一樣**。這就好比我們待在地球上的感覺，你會認為自己「身處於無處不為直線延伸的平面」（圖5-1-2）。

雖說如此，你是被關在曲面裡，跟待在地球上不太一樣。你的周圍其實不是平面，可能是彎曲的。然而，在沒有其他任何訊息的情況下，你沒有辦法確認是不是「彎曲的」。存在於三維的我們，可從外界觀測二維流形來捕捉全貌，但待在曲面上的二維人，很遺憾沒辦法做到這件事。

圖5-1-1

本來就沒有邊界，所以看不見虛線部分

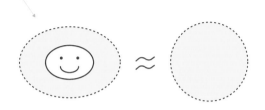

你的周圍是開圓盤，景象跟平面相同

圖5-1-2

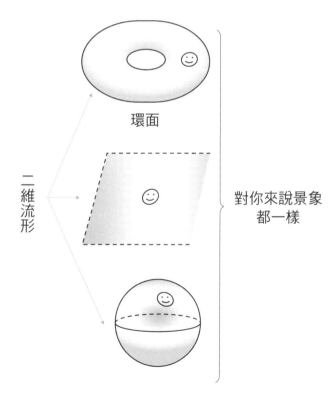

環面

二維流形

對你來說景象
都一樣

5-2 在流形上畫「座標」

與 5-1 相同，假設你處於二維流形中。此時，你以自己為中心，畫出二維座標系（如格子模樣的東西）。一般來說，在 n 維流形上的任一點周圍，可畫 n 維座標系。這一節就來說明這件事。

由流形的定義（參見 5-1）來看，n 維流形 M 局部與 $\mathbb{R}^n$ 的 n 維（單位）開球體同胚，所以存在從 M 的**開集合** U 到 $\mathbb{R}^n$ 的 n 維（單位）開球體 U' 的同胚映射 $f: U \rightarrow U'$。此時，U' 為 $\mathbb{R}^n$ 的子集合，所以 $\mathbb{R}^n$ 的座標格子能夠直接畫到 U' 上。

因此，只要將帶有座標格子的 U'，透過 f 的反向對應（反映射）f^{-1} 推導，$U = f^{-1}(U')$ 也能畫出座標格子。像這樣在某有限空間區域內畫出的座標系，稱為 **n 維局部座標系**。

另外，對於流形 M 的**開集合** U 上任一點 p，$f(p)$ 會是 $\mathbb{R}^n$ 的點，可用 $\mathbb{R}^n$ 的座標寫成 $f(p) = (x_1, x_2, \ldots, x_n)$。點 $(x_1, x_2, \ldots, x_n)$ 為點 p 在 (U, f) 上的**局部座標**。

如同上述，流形是局部與歐幾里得空間形狀相同，且能夠局部畫出格子模樣的圖形。

局部座標系上座標格子的座標軸，由流形的外界觀測，通常會是彎曲的，且座標軸間未必垂直相交。如歐幾里得空間的座標軸，彼此是相互垂直的座標系，稱為**直角坐標系**。

圖5-2

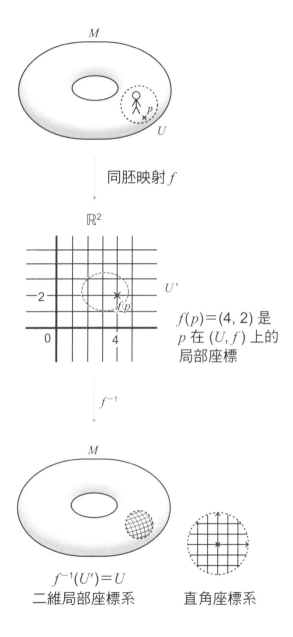

同胚映射 f

$\mathbb{R}^2$

$f(p)=(4, 2)$ 是
p 在 (U, f) 上的
局部座標

f^{-1}

$f^{-1}(U')=U$
二維局部座標系　　　直角座標系

5-3 「有邊界的流形」是有盡頭的圖形

　　有邊界的 n 維流形是，在各點周圍形成 n 維單位開球體，或與 n 維單位半開球體（圖5-3-1）同胚的形狀，且存在後者類型的點的圖形。後者類型的點集合全體，為這類型流形的**邊界**。「流形邊界」跟子集合「圖形邊界」的定義不太一樣，需要注意一下。換言之，歐幾里得空間中子集合圖形的「邊界」，未必與流形的「邊界」一致。當流形所含的點，為滿足前者意義的邊界，則此點也會是流形的邊界。

　　接著說明 $n=2$ 時，各點周圍與**二維單位半開球體**（圖5-3-1）同胚的圖像。圖5-3-2是有邊界的二維流形例子。假設你被關進這個曲面，請如5-1觀測周圍的景象。

　　首先，假定你位於點P，你周圍的世界與平面一樣。然而，假設存在如點Q的**邊端（邊界）**，一邊是無限延伸的平面，另一邊則出現牆壁的**盡頭**。

　　另外，由點P的位置出發，向點Q邊端（邊界）前進，會碰到盡頭，但向虛線部分前進，會怎麼走都到達不了虛線，走路速度會愈來愈慢。

　　對這裡的居民來說，流形的邊界是盡頭。換言之，「流形」可想成**沒有盡頭的圖形**；「有邊界的流形」可想成**有盡頭的圖形**。

圖5-3-1

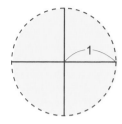

n 維單位開球體
（圖為二維單位開球體）

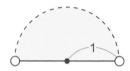

n 維單位半開球體
（圖為二維單位半開球體）

圖5-3-2

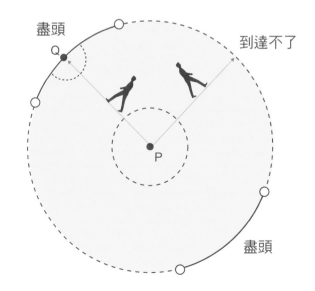

有邊界的二維流形例子

5-4 「開流形」與「閉流形」的區別

　　流形的簡單例子，包括歐幾里得空間、開球體（圖5-4-1）等。而圓環面、莫比烏斯帶等無邊界的圖形也為二維流形。

　　其他例子還有一維球面、（二維）球面、環面、n人游泳圈等，分別為一維流形、二維流形、二維流形、二維流形。另外，雖然三維以上的流形不易想像，但n維球面是n維流形。

　　各位在此是否注意到，同為二維流形的**二維開球體**（無邊界的圓盤）與**二維球面**稍微有點不一樣呢？無論是被關進前者還是後者，你都會覺得世界是沒有盡頭的。即便認為自己直線行走，仍舊走不到盡頭。然而，對你來說，前者是無限延伸的世界。需要注意的是，從外界觀測流形時，歐幾里得空間真的是無限延伸，但開球體的空間卻是有限。

　　對裡頭的居民來說，（無邊界的）流形是無限延伸的圖形時，稱為**開流形**（圖5-4-1）；不是無限延伸的圖形時，稱為**閉流形**（圖5-4-2）。因此，前面的歐幾里得空間、開球體、無邊界的圓環面、無邊界的莫比烏斯帶等為開流形，而一維球面、（二維）球面、環面、雙人游泳圈、三人游泳圈、……、n人游泳圈、n維球面等均為閉流形。

　　另外，**開**和**閉**這兩個字，不會用在有邊界的流形上。

圖5-4-1

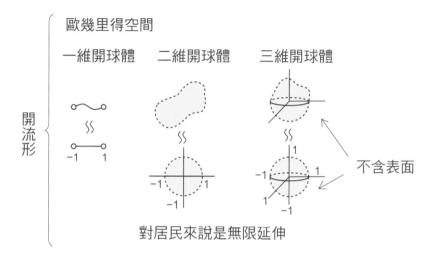

圖5-4-2

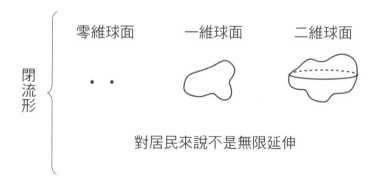

5-5 「有邊界流形」的例子

　　這一節我們會舉例說明**有邊界流形**。簡單來說，只要將前一節的開流形加上邊端部分（邊界），或挖出孔洞加上邊端（邊界），就會變成有邊界的流形。一般的「流形」為了與有邊界的流形區別，又稱為「無邊界流形」。

　　例如，一維球體、二維球體、三維球體分別為**有邊界的**一維流形、二維流形、三維流形。一維球體的邊界為兩點，二維球體的邊界為一維球面（與單位元同胚的圖形），三維球體的邊界為二維球面。另外，圓環面、莫比烏斯帶亦為**有邊界的**二維流形（圖5-5-1）。

　　環面、雙人游泳圈、三人游泳圈、……、n 人游泳圈為（無邊界）二維流形，但這些圖形分別挖掉一個二維開圓盤後，就會是都有邊界的二維流形。這些圖形透過合痕形變（不使用剪刀與膠水的形變）將面壓扁後，會變成如圖5-5-2的圖形。由圖可知，兩條環帶對應一個孔洞（圖5-5-2為環面的情況）。

　　1-2的扭結 A 能夠像吹泡泡圓環，展開肥皂膜般的圓盤（膜）。像這樣能展開圓盤的無「繩結」扭結，專有名詞為**平凡扭結（trivial knot）**。能在扭結 A 上展開圓盤的圖形（圓盤），理所當然會是「邊界明顯的扭結」的「有邊界二維流形」。關於「邊界不明的扭結（例如扭結 B）」的「有邊界二維流形」，會在6-5、6-6詳細說明。

圖5-5-1

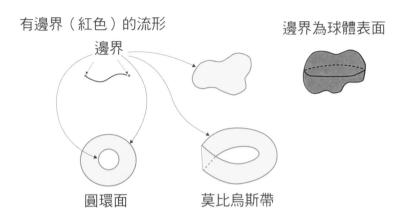

有邊界（紅色）的流形
邊界

邊界為球體表面

圓環面　　　　莫比烏斯帶

圖5-5-2

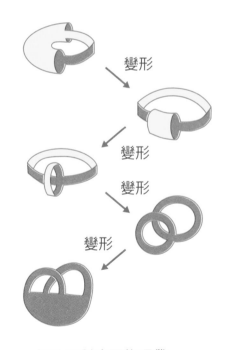

變形

變形

變形

變形

一個孔洞對應兩條環帶

5-6 閉曲面的「展開圖」是什麼？

二維閉流形又稱為**閉曲面**。這一節要來說明閉曲面的**展開圖**。

展開圖是曲面切開攤於平面的圖形。例如，請回想骰子（立方體）的展開圖（圖5-6-1）。有人會在紙上畫出事先設計好的骰子展開圖，沿著輪廓剪下來後，再依照設計圖折成骰子。或就地取材，將家中面紙盒（大部分為長方體）拆開，就能得到長方體的展開圖。

閉曲面的展開圖也是類似的概念，但不需要像立方體、長方體一樣，展成完全相同的形狀也沒關係。**描繪展開圖的素材是由如同橡膠的柔軟物質所構成，只要能夠組成閉曲面即可。**

例如，將二維單位球面 S^2 如圖剪開（圖5-6-2）延展成平面，作成圓盤、四角形、六角形、$2n$ 角形等平面圖形。這些全部都是球面的展開圖（例圖僅用圓盤、正方形表示），但需要明確標示邊界的「哪裡和哪裡」**視為相同**（黏合）。只要統合正方形各兩邊的箭頭相同處，頂點自然也會跟著視為相同，最後組成球面。任一閉曲面都可像這樣以一個多角形表示展開圖。

同理，環面剪開後，可得到四角形或六角形的展開圖（圖5-6-3）。其他還有什麼展開圖呢？試著想一想吧。

圖5-6-1

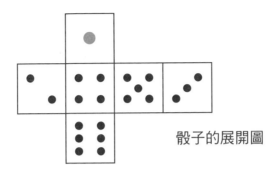

骰子的展開圖

圖5-6-2

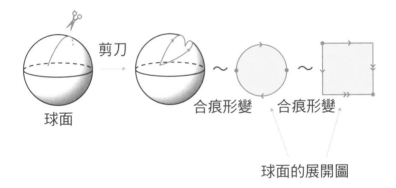

剪刀

球面

合痕形變   合痕形變

球面的展開圖

圖5-6-3

剪刀

5-7 眼睛看不見，但可用展開圖表示的 「射影平面」

　　這一節介紹饒有趣味的閉曲面例子──**射影平面**。

　　射影平面是黏合莫比烏斯帶與圓盤邊界的圖形。順便一提，球面是黏合兩圓盤邊界的曲面。換言之，球面是將圓盤「蓋上」圓盤的曲面。將此觀念運用到射影平面上，射影平面是莫比烏斯帶「蓋上」圓盤的閉曲面，或圓盤「蓋上」莫比烏斯帶的閉曲面（圖5-7-1）。以球面為例，實際上無法「蓋上」看得見的形狀，但我們可以這麼想像。

　　射影平面能夠簡單用展開圖來表示。例如，圖5-7-2的展開圖1與圖5-7-3的展開圖2，都是射影平面的展開圖。使用剪刀與膠水變形展開圖，就可知兩者同胚。射影平面在 $\mathbb{R}^3$ 需有曲面相交〔稱為**奇點**（**singular point**）〕才得以作成。**我們無法實際看到真正的射影平面。**

　　例如，將展開圖2變形為如圖5-7-3中間的形狀。邊界 a、b 必須分別黏合邊界 a 和邊界 b，但這勢必得讓曲面交叉才能夠做到。假設可以交叉方式將邊界黏合起來，則會形成圖5-7-3最右邊的形狀。紅線的部分為交叉的地方，這個曲面稱為**十字帽、交差帽、交叉帽**。十字帽也可表為圖5-7-3的上半部圖形。下半部為圓盤，上半部與莫比烏斯帶同胚。

圖5-7-1

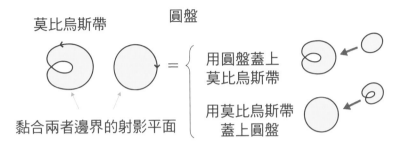

莫比烏斯帶　圓盤

用圓盤蓋上
莫比烏斯帶

用莫比烏斯帶
蓋上圓盤

黏合兩者邊界的射影平面

圖5-7-2

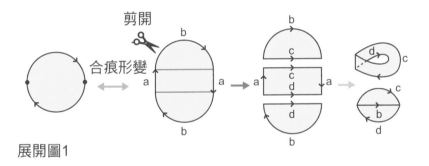

剪開

合痕形變

展開圖1

圖5-7-3

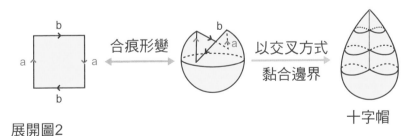

合痕形變　以交叉方式
黏合邊界

展開圖2　十字帽

5-8　曲面內側跑到外側的「克萊因瓶」

在這一節我們要來說明**克萊因瓶**這個閉曲面。克萊因瓶是德國數學家費利克斯・克萊因（Felix Klein，1849～1925年）提出的一個奇妙閉曲面，如圖5-8-1，**曲面的內側神奇地跑到外側。**

將克萊因瓶沿著曲線 a（紅色）與曲線 b（藍色）剪開，調整成正方形，可得到圖5-8-1展開圖1。逆向操作，將展開圖1的兩邊 a 黏起來，可得到圓環面，但接下來不能依箭頭方向黏回兩邊 b。然而，**若曲面可相交，則能夠組回原本的克萊因瓶。**

再者，展開圖2乍看之下可能覺得，這不是克萊因瓶展開圖，但的確是克萊因瓶展開圖無誤。展開圖2使用剪刀與膠水後，能夠變成展開圖1。

另外，將兩條莫比烏斯帶的邊界視為相同，也可得到克萊因瓶。如圖5-8-2，將展開圖1剪成三個部分，黏合「甲」與「丙」相同的斜邊，可得到兩條莫比烏斯帶。仔細觀察圖5-8-2可發現，由於各自邊界視為相同，因此，克萊因瓶內藏了兩條莫比烏斯帶。

如同前一節的射影平面，$\mathbb{R}^3$ 的克萊因瓶必有相交之處（稱為**奇點**）。然而在四維空間中，這個奇點可透過合痕形變消除（解除）。換言之，在四維空間中，奇點能透過不使用剪刀與膠水的形變消除（參見**第6章**）。

圖5-8-1

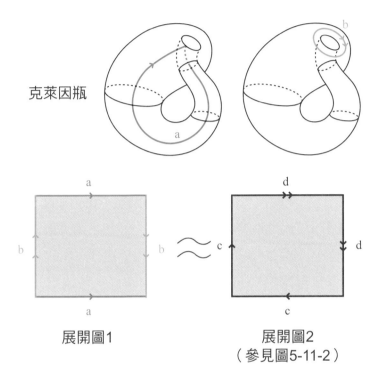

克萊因瓶

展開圖1　　　　　　　　　展開圖2
（參見圖5-11-2）

圖5-8-2

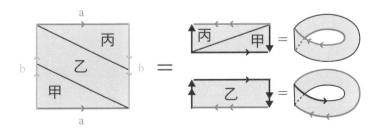

5-9 流形的「方向」

這一節要討論流形的**方向**。雖然標題是「方向」，但並不是指流形朝向哪個方向。首先，我們先來說明二維流形、曲面的方向。

曲面的**方向**是指曲面**朝內還是朝外**。然而，有些曲面沒有內外之分，出現能不能定向的問題。若曲面**具有內外區別**，則稱曲面**可定向**（**orientable**），否則稱為**不可定向**（**non-orientable**）。

例如，莫比烏斯帶沒有內外之分，所以是不可定向的曲面。換言之，如圖5-9-1將莫比烏斯帶的其中一面塗上顏色，塗到最後，發現全部的面都會是同一顏色。而球面、環面有內外之分，所以是可定向的曲面，但並沒有規定哪一面為內、哪一面為外，若決定「這一面為外」，另一面就會是內。

一般 n **維流形的方向**，本質上與曲面的方向相同，在數學上稱為 n **維座標系方向**。座標系分為右手系方向與左手系方向，彼此互為鏡像關係（圖5-9-2）。一般來說，右手系為正的方向、左手系為負的方向。右手 n 維座標系置入 n 維流形時能夠定向，其內側會是左手座標系，無論內側座標系怎麼移動，外側仍舊是右手座標系。若曲面不可定向，移動內側座標系後，外側會變成左手系或變回右手系。

圖5-9-1

圖3-9-2

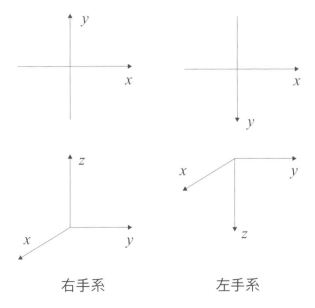

右手系　　　　　　左手系

5-10 以「莫比烏斯帶」數量分類的「不可定向閉曲面」

　　如5-9所述，莫比烏斯帶是不可定向的流形。觀測時不需遠離莫比烏斯帶，住在上面的二維人也能確認其不可定向性。這一節就來說明這件事。

　　假設你是被關進莫比烏斯帶的二維人，繞著圖5-10-1的道路徑 a 走一圈後，結果會變成會翻轉過來的鏡像，這跟繞圓柱周圍一圈形成不同的對比（圖5-10-2）。如此，在不可定向的流形上，能夠找到以鏡像模樣返回的路徑。若再繞同一條路徑一圈，模樣又會變回跟出發時一樣。

　　同樣的，射影平面、克萊因瓶也是不可定向的流形。因為射影平面內藏了一條莫比烏斯帶（參見5-7）；克萊因瓶內藏了兩條莫比烏斯帶（參見5-8），在莫比烏斯帶上前進繞回原處後，你的模樣就會翻轉過來。

　　可定向的閉曲面是以**孔洞數（虧格）**來分類（參見**第3章**），而不可定向的閉曲面，是以內藏的莫比烏斯帶數量來分類，這會在下一節講述。換言之，對於前者，虧格是**完全拓樸不變量**；對於後者，內藏的莫比烏斯帶數量是**完全拓樸不變量**。這裡指的**完全**拓樸不變量，如同字面上的意思是指完全的不變量，不同胚的兩圖形，好比對應不同值或量的映射。由此可知，**射影平面與克萊因瓶不同胚**。

圖5-10-1

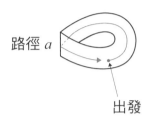

路徑 a

出發

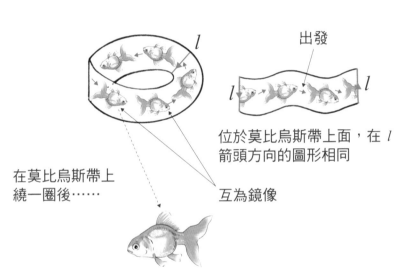

l

出發

l　　　　l

位於莫比烏斯帶上面，在 l 箭頭方向的圖形相同

在莫比烏斯帶上繞一圈後……

互為鏡像

圖5-10-2

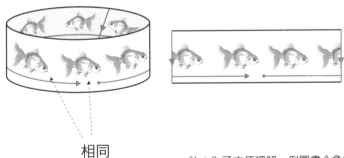

相同

註：為了方便理解，例圖畫金魚繞一圈。

5-11 「不可定向閉曲面」的 「歐拉示性數」

這一節，我們要來認識不可定向閉曲面的歐拉示性數。為了簡化說明，先來求射影平面與克萊因瓶的歐拉示性數。

展開圖使用如圖5-11-1～圖5-11-3為簡單的圖形。這些展開圖不是三角形分割，而是單元分割，所以可用後者來計算歐拉示性數。

在射影平面的展開圖，頂點數量為1、邊數量為1、面數量為1，所以射影平面的歐拉示性數是$1-1+1=1$。同理，在克萊因瓶的展開圖，頂點數量為1、邊數量為2、面數量為1，所以克萊因瓶的歐拉示性數是$1-2+1=0$。

不可定向的閉曲面，可由球面抽出 n 個圓盤，再將球面上抽出的各邊界，與莫比烏斯帶的邊界合起來。令此閉曲面為 M_n，因為圓盤與球面抽出一個圓盤的圖形同胚，所以如5-7所述，M_1 與射影平面同胚（圖5-11-1）。然後，雖然有些困難，但運用圖5-7-2的變形（參見5-7），可知 M_2 與克萊因瓶同胚（圖5-11-2）。

那麼，接著來計算 M_n 的歐拉示性數。以 $n=1$ 和 $n=2$ 一般化的圖5-11-3作為展開圖，會比較容易理解。頂點數量為1、邊數量為 n、面數量為2，所以球面上有 n 個莫比烏斯帶圖形 M_n 的歐拉示性數是$1-n+1=2-n$。

圖5-11-1

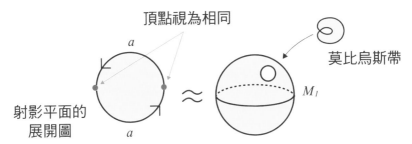

頂點視為相同

莫比烏斯帶

a

M_1

射影平面的
展開圖

a

圖5-11-2

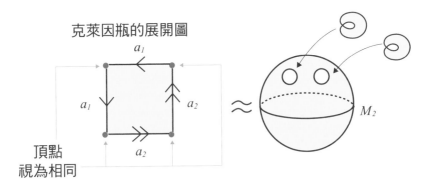

克萊因瓶的展開圖

a_1

a_1　　a_2

a_2

M_2

頂點
視為相同

圖5-11-3

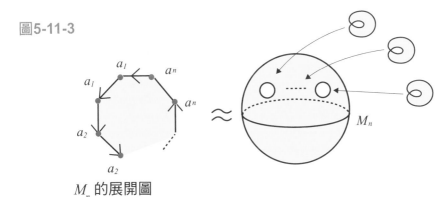

a_1　　a^n

a_1

a^n

a_2

M_n

a_2

M_n 的展開圖

不定向的閉曲線。
頂點全部視為相同，所以僅有一個點

DNA、基因重組酶具有拓樸性質嗎？

　　分子細胞生物學於生命科學領域中，取得驚人的發展。生物細胞中存有基因本體——**DNA**。眾所皆知，DNA為雙股螺旋結構，這個結構是由分子生物學家詹姆士・華生（James Watson，1928～）與弗朗西斯・克里克（Francis Crick，1916～2004年）共同發現的。

　　一般來說，真核生物（細胞具有核的生物）的DNA存在於細胞核中，是**兩條成對存在**具有拓樸性質的線狀物。與此相對，細菌等無細胞核的原核生物，則有具拓樸性質的環狀DNA，這還真是有意思。

　　另外，已經發現的基因重組酶（具有拓樸學中「剪刀」與「膠水」的功用，用於剪貼基因）**拓樸異構酶（topoisomerase）**，如同其名，也具拓樸性質。

第 6 章

嵌入圖形與浸入圖形
探討空間中的圖形

第6章討論「空間中的圖形」，畫圖解說
在三維空間中解不開的扭結，可在四維空
間中解開。在三維空間中相交的克萊因
瓶，可在四維空間消除相交。

6-1 「正則射影圖」是什麼？

　　圖畫、漫畫、相片、電視電影等影像，可想成二維圖像。如 圖 6-1-1，在空間中的扭結上方打光，投影在平面上的影子，即可想成二維圖像，這在數學上稱為扭結的**射影圖**。只要不是平凡扭結，射影圖就不會是**單一閉曲線**（沒有相交的閉曲線）。

　　此時，在空間中稍微變動扭結，可使射影圖滿足下述條件：

　　①頂多僅有有限個交點。
　　②交點為二重點（沒有三條線以上相交於一點）。
　　③兩線不相切、不重疊，尖點不與線重合。

　　這樣的射影圖，稱為「正則的（或**正則射影圖**）」。例如， 圖 6-1-2 的②'、③'分別為**未滿足**②與③的部分射影圖，含有類似②'或③' 的部分，射影圖就不會是正則的。兩線類似③的相交，稱為**橫截相交** （transverse intersection）。

　　從射影方向來看射影圖上的交點，為了清楚表示哪條線在上、哪條線在下，下面的線在交點會截掉部分實線，這樣的平面圖稱為**圖式** （圖6-1-1）。實際上並沒有截掉，只是為了看起來呈立體狀，下面的線會畫成截斷的。射影圖的交點，在圖式上也稱為交點。

圖6-1-1

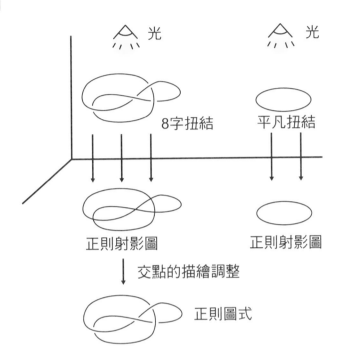

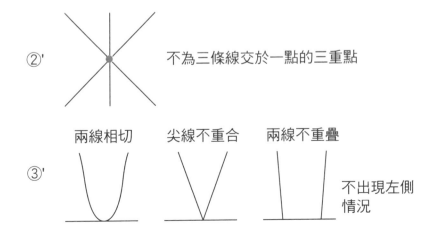

圖6-1-2

②′　不為三條線交於一點的三重點

兩線相切　　尖線不重合　　兩線不重疊

③′

不出現左側
情況

6-2 交叉交換轉為平凡扭結

　　將一條線打半結，再將兩端黏合成環，這種扭結稱為**三葉結**。三葉結不論怎麼合痕形變，都無法變成沒有「繩結」的扭結（**平凡扭結**）。明顯的，只要沒有剪斷解開繩結，三葉結就不會變成平凡扭結。在這一節，我們來看如何透過扭結的正則圖式與圖式上的操作——**交叉交換**，將非平凡扭結轉為平凡扭結。**交叉交換**是指在正則圖式中對調交點上下線的操作（參見圖6-2四角框中的例圖）。這分成兩種操作（右向操作與左向操作）。

　　在圖6-2的扭結 K 的正則圖式 D 中，沒有交點的地方，取一個點P，讓點P沿著扭結的正則圖式移動。然後，第一次通過交點時，若是由交點下方通過，則交叉交換改由上方通過。點P會通過各交點兩次，改變交點的上下線，讓第一次通過時從上面通過，第二次通過時從下面通過。一面移動點P，一面修正點的上下線，當點P回到出發點時會發現，D 變成平凡扭結的圖式。

　　因此，只要對三維空間的扭結，進行對應扭結 K 在正則圖式上交叉交換的形變，隨著 D 變為平凡扭結的正則圖式，實際的扭結 K 也會跟著轉為平凡扭結。當然，這樣的形變實際上必須剪開，進行局部變形，再將剪開的地方黏回原狀，才做得到。

圖6-2

扭結 K 的正則圖式 D

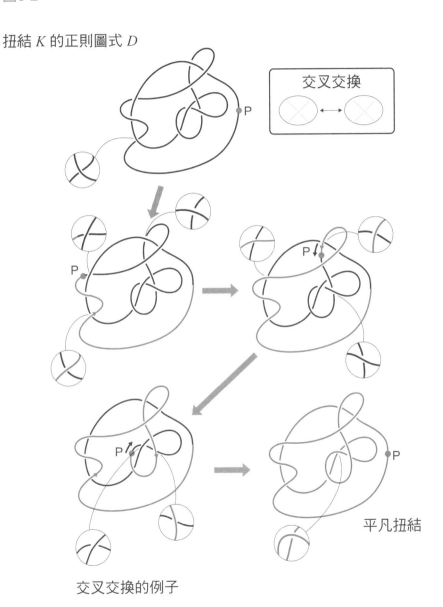

6-3　四維空間中的扭結

在6-2節，要透過在扭結正則圖式上交換幾個交點，讓此圖式轉為平凡扭結的圖式。

在三維空間中，對應這樣的圖式交叉交換、變形扭結，必須剪開繩子才有辦法做到。

然而，在四維以上的空間，對應圖式交叉交換的扭結變形，（即便不剪開）則可透過合痕形變完成。

首先，在 xy 平面上的 x 軸放置一條塗有紅色與黑色的繩子（圖6-3-1）。如圖，想像將繩子的紅色部分向 y 軸的正方向**平行移動**。此時，平行移動前與平行移動後，紅色部分的 x 座標維持原來的值，但所有點的 y 座標一起變成相同的值。

試著在四維空間做同樣的事情。假設扭結整條繩子都位於四維空間第四座標 $x_4 = 0$ 的地方（三維空間）。關注應該交叉交換的交點周圍的一條線段，與上述要領相同，維持線段的 x_1、x_2、x_3 座標，沿 x_4 軸的某一方向，例如沿 x_4 軸的正方向平行移動到 $x_4 = 1$（圖6-3-2）。

此時，在 $x_4 = 1$ 切面的三維空間，僅有平行移動後的線段，在這個三維空間中，變動到能跟另一條繩子交叉交換的位置，接著再沿 x_4 軸的負方向，平行移動回到 $x_4 = 0$，完成交叉交換。

因此，根據6-2的結論，可知所有扭結在四維空間中都是平凡扭結。

圖6-3-1

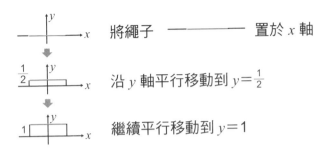

圖6-3-2

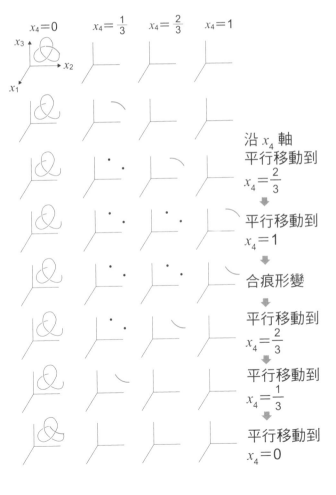

6-4 「嵌入」是什麼？

若圖形 X 到圖形 Y 中的映入映射 $f：X{\rightarrow}Y$，Y 限制於 $f(x)$ 的映射是從 X 到 $f(Z)$ 的同胚映射，則稱 f 為**嵌入映射**，$f(Z)$ 是 X 經由 f 的**嵌入（圖形）**。此時，X 與 $f(Z)$ 同胚。

地球上的所有物體都可想成是嵌入三維空間的圖形。Y 的維度愈大，嵌入的自由度就愈高；反之，Y 的維度愈小，嵌入的自由度就愈低。例如，三維物體沒辦法嵌入二維以下的空間。

而射影平面與克萊因瓶為二維圖形，但不能嵌入三維空間中（參見**5-7**、**5-8**）。因此，射影平面與克萊因瓶當然也無法嵌入二維空間、一維空間中。

來看看嵌入的簡單例子。假設 $X＝S^1$（單位圓）、$Y＝\mathbb{R}^2$（平面），如圖**6-4-1**介紹各種嵌入圖形，這些圖形稱為**單一閉曲線**（沒有相交的閉曲線）。若曲線如圖**6-4-2**交會，映像 f 在交會處會是**二對一對應**，與映像 f 為一對一映射，產生矛盾。

接著，假設 $X＝S^1$（單位圓）、$Y＝\mathbb{R}^3$（三維空間）。此時，**1-2**節的扭結 A 與扭結 B 也可視為 S^1 的嵌入圖形，扭結會是 S^1 到 $\mathbb{R}^3$ 的嵌入圖形。根據嵌入的方式，可形成各種不同的扭結。

圖6-4-1

S^1 到 $\mathbb{R}^2$ 的嵌入圖形（單純閉曲線）。單純閉曲線是指沒有相交的封閉曲線。

圖6-4-2

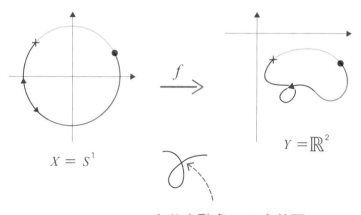

$X = S^1$

f

$Y = \mathbb{R}^2$

在此交點處，S^1 上的兩▲點會映射到 $\mathbb{R}^2$ 上的同一點。f 在▲點是二對一。

6-5　扭結為邊界的「塞弗特曲面」

以扭結 K 為邊界，且為連通、可定向的二維流形，稱為 K 的**塞弗特曲面（Seifert surface）**，所有扭結都存在這個塞弗特曲面。在這一節，我們要來說明德國數學家赫爾伯特・塞弗特（Herbert Seifert，1907～1996年）於1934年所提出，由下述**規則**組成的塞弗特曲面。

・塞弗特規則

 (1) 在扭結的正則圖式上，標示方向。

 (2) 沿循方向**切離（Split）**各交點的周圍（形成數個單一閉曲線）。

 (3) 在標示方向的各單一閉曲線展開圓盤。

 (4) 在交點處加上**扭轉環帶**。

接著來確認由此規則組成的曲面，為連通、可定向的。為了區別(3)作成的圓盤內外，將外側的圓盤邊界（扭結的一部分）畫成逆時針的斜線，將內側畫成順時針的斜線。此時，由(2)各交點的分離方式可知，扭轉環帶會連接外圓盤與內圓盤，所以環帶的周圍為**局部**可定向。因此，**整個**曲面能夠區別內外，具有可定向的性質。由扭結為一條連通的繩子且在邊界連通，明顯可知具有連通的性質。塞弗特曲面沒有奇點，所以是有邊界二維流形嵌入三維空間的圖形。

圖6-5

塞弗特曲面的作法

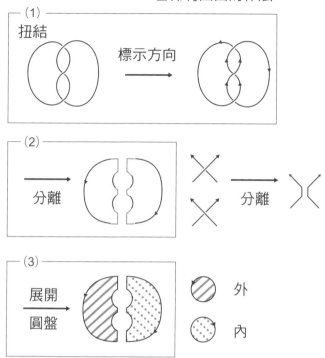

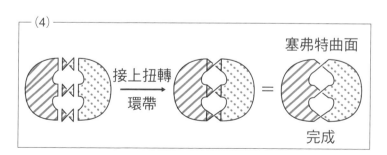

6-6 「扭結的虧格」是「扭結的不變量」

扭結 K 在塞弗特曲面中的最小虧格數稱為 **K 的虧格**。扭結的虧格是**扭結的不變量**。

為了幫助讀者理解塞弗特曲面的虧格，請想像一下環面、雙人游泳圈、三人游泳圈、……分別挖掉一個圓盤的曲面（參考**5-5**環面挖掉開圓盤的圖形變形）。這些全是以平凡扭結為邊界的曲面，環面有1組兩條一組的環帶，n 人游泳圈有 n 組。

以非平凡扭結為邊界的曲面，也會有這樣的環帶形狀。不同的是，非平凡扭結的塞弗特曲面，其環帶本身扭曲、彼此纏繞。

無論是前者還是後者，可知**兩條一組的環帶組數為該曲面的虧格**。這可由**5-5**的圖形反向（由下而上）合痕形變直覺地理解。

圖**6-6**是三葉結（參見**6-2**）的塞弗特曲面，紅色部分為三葉結（曲面的邊界），藍色部分為曲面的內部。想像曲面是由橡膠構成，曲面①形變後會變成如②的曲面，此時兩條一組的環帶組數為1組，所以三葉結的虧格會小於1，另只有平凡扭結的虧格為0、三葉結不是平凡扭結（參見**8-3**），所以三葉結的虧格為1。

圖6-6

這個部分也是球面內側，原本應該
為深藍色，但為了方便區別，在此
以白色表示（以下相同）。

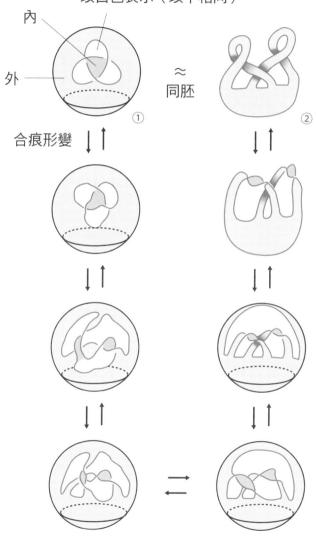

紅線是曲面（藍色）的邊界。三葉結的虧格為1。

6-7 「浸入」是什麼？

前面出現的克萊因瓶，其實不是真正的克萊因瓶，因為這個圖形有相交，正確來說是克萊因瓶的**浸入圖形（immersion）**。這一節要來說明浸入的二維圖形。

浸入（圖形）跟嵌入（圖形）略為不同。圖形 X 到圖形 Y 的嵌入（圖形），是嵌射（一對一對應）、連續且反映射也為連續的映射，或像是這樣的圖像（參見6-4）；浸入圖形是連續且反映射也為連續的映射，或像是這樣的圖像。浸入圖形可以不是嵌射（一對一對應），換言之，圖形可以有相交（**奇點**）。

然而，該相交必須是數學專有名詞的**橫截相交**。

在6-1已經說明過二維平面中一維圖形（曲線）的橫截相交，所以這一節就來講解三維空間中二維圖形（曲面）的橫截相交。

三維空間曲面的橫截相交是指，**在相交處至少能找到一個圓盤，該交點不為兩個以上的曲面相切或重合的點**。其中一面穿過另外一面的相交（圖6-7-1），不可如圖6-7-2為折斷面的線與其他面重合。

圖6-7-3是克萊因瓶的浸入圖形，圖中存在橫截相交的二重線。圖6-7-1是圓盤的浸入圖形，邊界為扭結。

圖6-7-1

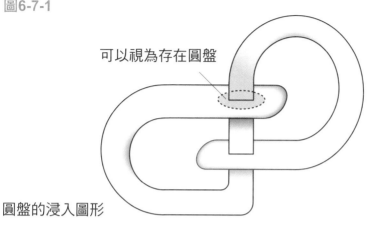

可以視為存在圓盤

圓盤的浸入圖形

圖6-7-2

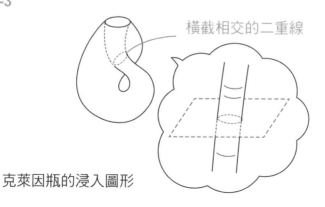

沒有橫截的相交

圖6-7-3

橫截相交的二重線

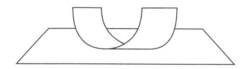

克萊因瓶的浸入圖形

6-8 「以扭結為邊界的曲面」浸入圖形

前一節介紹圓盤浸入 $\mathbb{R}^3$ 的圖形，看到邊界會是扭結，但這一節反過來做，探討扭結自然地展開圓盤。

展開圓盤，可想成鐵絲作成的圓架子展開肥皂膜，或撈金魚的塑膠架子展開和紙。

平凡扭結能夠展開圓盤（圖6-8-1）。

那麼，鐵絲作成的三葉結，能夠展開肥皂膜嗎？

實際操作就會知道，**雖然可以展開肥皂膜，但形狀不會變成圓盤**。在三維空間中，非平凡扭結需要有奇點，才能夠展開圓盤。

在非平凡曲面上展開圓盤的曲面，必定會有如圖6-8-2紅線的奇點，分別稱為**鉤型奇點、緞帶型奇點**。如圖所示，兩者皆為二重點，相交方式皆為橫截相交。因此，帶有這樣奇點的曲面，是圓盤浸入 $\mathbb{R}^3$ 的圖形。

前一節圖6-7-1的圖形奇點為緞帶型奇點。緞帶型奇點可藉由固定曲面的邊界（扭結部分），在四維空間中僅變動圖6-7-1的圓盤，展開（圓滑的）圓盤。運用平行移動的概念（參見6-3、6-10），可將含有奇點的圓盤移動到新的空間。

這個想法會在6-10進一步解說。

圖6-8-1

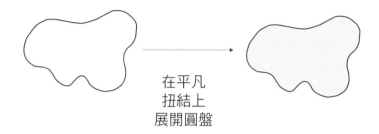

在平凡
扭結上
展開圓盤

圖6-8-2

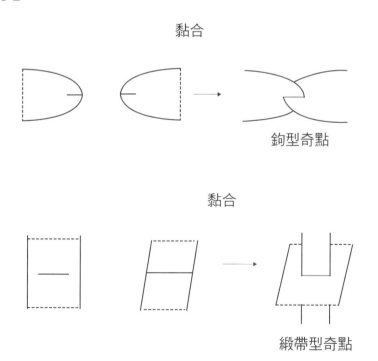

6-9 「射影平面」浸入圖形

　　射影平面沒辦法嵌入三維空間中，即便用展開圖來表示，無論如何都會出現相交的情況。假設可相交，作成的圖形有**十字帽**、**羅曼曲面**（Roman surface）、**波伊曲面**（Boy surface）。因為這些圖形有相交，所以不是射影平面的嵌入圖形。

　　三維空間曲面具有奇點，可形變為下述說明的**二重點**、**三重點**或**扭點**（pinch point）（圖6-9-1～圖6-9-3）。除此之外的奇點，可藉由稍微錯位曲面來消除。

　　二重點存在於兩枚曲面橫截相交的二重線上，可能是封閉的、無限延伸的、到達邊界的、或結束於扭點的（圖6-9-1、圖6-9-2）。三重點是三枚曲面相交於一點的點。其中，僅有扭點是沒有橫截的點。

　　現在我們要來仔細探討十字帽、羅曼曲面、波伊曲面的奇點。如圖6-9-3，十字帽有一條二重線，兩端分別為扭點與到達邊界的二重點。羅曼曲面具有六個扭點與一個三重點（位於圖形中心看不見）。兩個曲面都具有扭點，所以都不是三維空間射影平面的浸入圖形。

　　另一方面，波伊曲面具有三條封閉二重線與一個三重點，因為上面各點都不是扭點，可知波伊曲面是射影平面的浸入圖形。這是目前已知最簡單的射影平面浸入圖形。

圖6-9-1

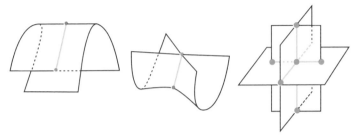

圖6-9-2

封閉二重線　　　無限延伸二重線　　在到達邊界的二重
　　　　　　　　　　　　　　　　　　點處結束的二重線

圖6-9-3

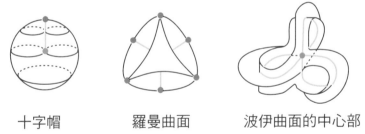

十字帽　　　　　羅曼曲面　　　　波伊曲面的中心部

黃線	二重線
綠點	到達邊界的二重點
紅點	扭點
藍點	三重點
二重線上的點	二重點

6-10 四維空間中的「克萊因瓶」 會是什麼模樣？

我們知道，三維空間 $\mathbb{R}^3$ 的克萊因瓶，無論怎麼以不使用剪刀與膠水的形變，或使用剪刀與膠水的的形變，都沒有辦法消除奇點。然而，若是周圍的空間是四維空間 $\mathbb{R}^4$，就能透過不使用剪刀與膠水的形變消除。

在此試著運用6-3提到的**平行移動**，設法在 $\mathbb{R}^4$ 消除克萊因瓶的奇點。

如圖6-10，假設克萊因瓶存在於四維歐幾里得空間 $\mathbb{R}^4$ 第四座標 $x_4 = 0$ 的**切面**。如圖6-7-3所示，克萊因的奇點出現在軟管部分與曲面橫截相交的交面上，整體形成圓形。

將這個「軟管部分」維持 x_1、x_2、x_3 的座標，沒 x_4 軸方向平行移動至 $x_4 = 1$。此時，在第四座標 $x_4 = 1$ 的切面，$\mathbb{R}^3$ 除了平行移動後的圓之外，沒有其他圖形。僅有相交的其中一圓，帶到第四座標 $x_4 = 1$ 的切面。因此，曲面上沒有相交的位置。原本軟管是連通的，所以在 $x_4 = 0$ 的切面，軟管的周圍會消失不見。像這樣，真正的克萊因瓶閉曲面能夠存在於 $\mathbb{R}^4$（能夠嵌入其中）。

可嵌入 $\mathbb{R}^3$ 的曲面，也能夠嵌入 $\mathbb{R}^4$。奇點部分為一維曲線，所以只需要將具有奇點的周圍曲面，與上述相同，沿第四座標的方向平行移動即可。

圖6-10

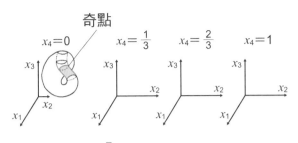

奇點

合痕形變　沿 x_4 軸平行移動至 $x_4=\dfrac{1}{3}$

消失

合痕形變　沿 x_4 軸平行移動至 $x_4=\dfrac{2}{3}$

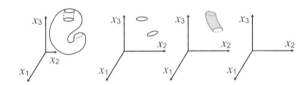

合痕形變　沿 x_4 軸平行移動至 $x_4=1$

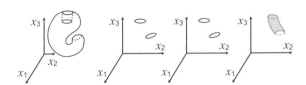

三維空間的射影平面是什麼形狀？

在19世紀末到20世紀初，德國流行射影平面、克萊因瓶等不可思議的圖形，因此出現許多用石頭、木頭等作成的模型。

克萊因瓶還沒有問題，但射影平面實際上相當難製作。若可在三維空間交叉，射影平面會是什麼曲面呢？

這個問題由德國數學家莫比烏斯（August Mobius，1790～1868年）於1867年提出，後來不斷有研究學者進行挑戰。

19世紀末發現最簡單的曲面，是瑞士學家思坦納（Jakob Steiner，1796～1863年）想出的**羅曼曲面**（參見6-9）。1903年，德國數學家波伊（Werner Boy，1879～1914年）想出更為簡單的**波伊曲面**。另外再加上**十字帽**，這三個曲面可用方程式表示，在電腦上畫出圖形。

第 7 章

認識基本群

探討「封閉繩子＝環路」

第7章解說拓樸不變量之一的「基本群」，並舉例說明單連通的、「基本群平凡的」，以及要求圓周、圓環面、環面的基本群。

7-1 從繩子能否收回，認識曲面的形狀

在5-1節說明過，在曲面世界的你，難以認識自己所處世界的全貌。大家現在都知道「地球是圓的」，但對過去的人來說，確認地球的形狀是一件困難的事情，更不用說被關進地球表面的二維人了。這跟我們地球人難以瞭解宇宙的形狀是同樣的道理，但真的沒有任何線索嗎？

例如，你從現在所處的位置，朝某個方向直線前進，如果能夠走回原來的位置，那就表示**世界並非無限延伸的寬廣平面**。站在三維的觀點來看，二維世界的形狀可能是球面（圖7-1a）或環面（圖7-1b），也有可能是多人游泳圈的形狀（圖7-1c）。如同上述，僅有這些訊息沒辦法確定形狀。

那麼，讓我們一邊放繩子，一邊出發吧。在出發點固定繩子，防止端點跑掉，假設一邊放繩子，一邊展開行程，最後能夠回到原出發點。無論你是以什麼路徑旅行，**如果回到出發點能夠拉回整條繩子，你所處的世界就不會是環面或三人游泳圈的形狀**。因為在環面或三人游泳圈上，繩子會卡到游泳圈的孔洞而無法收回。

在出發點無法拉回繩子時，可像上述一般，研究繩子間的關係，大致瞭解世界的形狀。

圖7-1

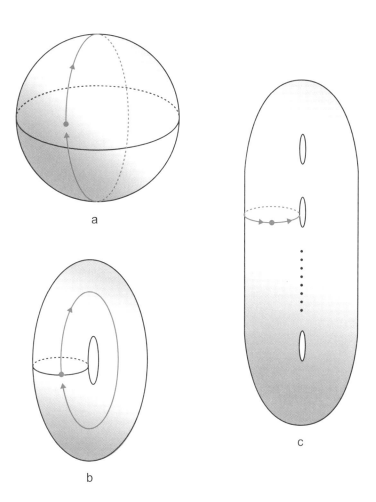

a

b

c

a是可收回的繩子，b、c是不可收回的繩子

7-2　能夠縮成一點就是「單連通」

　　從圖上任一頂點，皆能到達其他頂點時，稱此圖為「連通」（參見2-2）。從閉區間 [0, 1] 到圖形 X 的連續映射 f 或其像 $f(X)$ 為 X 上的路徑，以 $f(0)$ 為起點、$f(1)$ 為終點。若 X 上任兩點能以 X 上的路徑連接，則稱「X 為**連通**」。這一節要來說明「單連通」的意義（參見1-5）。當圖形 X 為**連通**，且 X 內任一封閉路徑可在 X 中連續地變為一點時，則稱「X 為單連通」。例如，身處 X 中的你，無論出發點為何，都能到達 X 中任一處，且如7-1可在（出發點）＝（終點）收回整條繩子，X 就會是單連通。

　　然後，若整個圖形能夠自己連續地縮為一點，則稱此圖形為**可縮圖形**。例如，n 維球體為可縮圖形，零維球體本身就是一點，所以是可縮圖形；一維球體、二維球體、三維球體也能像圖7-2-1在圖形中縮為一點，所以皆為可縮圖形。可縮圖形為單連通，這些圖形都是單連通圖形的例子。

　　二維球面不可縮，但是單連通。一維球面的一圈已經是不可縮的環路，所以不是單連通的也不是可縮的。n 人游泳圈、圓環面、環體、環面，也都不是單連通、不可縮的。

圖7-2-1

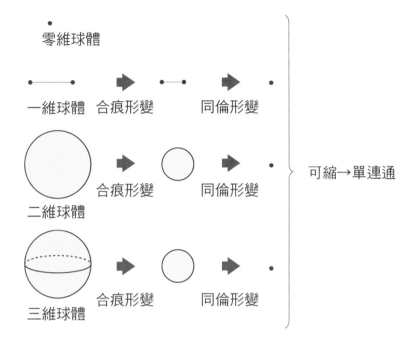

圖7-2-2

7-3 「同倫環路」是什麼？①

　　圖形 X 上路徑 f 的起點與終點一致的路徑，亦即 $f(0)=f(1)$ 的路徑，稱為**閉路徑（closed path）**或**環路（loop）**，X 上的點 $f(0)=f(1)$ 稱為環路 f 的**基點（base point）**。環路的基點，同時是行走路徑的出發點，也是終點。

　　將基點固定，會有各種不同的旅行途徑。然而，即使稍微偏離的行走路徑，也會視為本質上相同的路徑。正確來說，基點固定的**同倫**（參見4-5）環路，會視為相同的環路。

　　以圓環面為例，仔細討論吧。圓環面是圓盤去掉小圓盤的圖形，也可想成是圓筒（圖7-3-1）。如圖7-3-2，令以點 x 為基點、逆時針環繞孔洞周圍的紅色環路為 a。此時，以點 x 為基點、逆時針環繞孔洞周圍的單圈環路，無論速度為何或有無偏離，都會跟環路 a 同倫。因為這些環路可在圓環面中，固定基點來相互轉換。這樣的路徑全部視為相同，並且令為 a。圖7-3-2的藍、紅、綠三條環路都會是 a。

　　再者，以點 x 為基點、逆時針環繞孔洞周圍的兩圈環路，不管哪條環路都會是同倫的，所以視為相同的環路，記為 a^2。同理，n 圈環路記為 a^n（n 為自然數）。另外，環路 a^1 是以點 x 為基點、逆時針環繞孔洞周圍一圈的環路，跟 a 是相同的概念。

　　環路也有常數映射（$f(t)=x, 0 \leq t \leq 1$），記為 e。

圖7-3-1

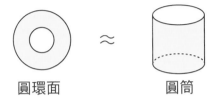

圓環面　　　　　　　圓筒

圖7-3-2

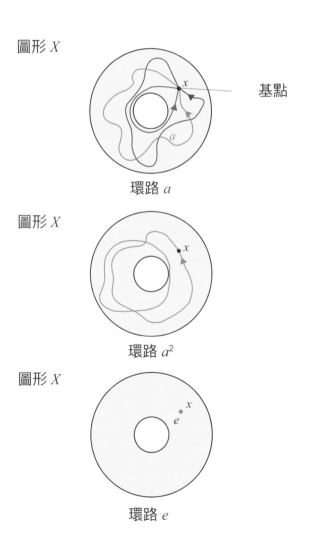

圖形 X

基點

環路 a

圖形 X

環路 a^2

圖形 X

環路 e

7-4 「同倫環路」是什麼？②

這一節要討論的是，一般圖形 X 的帶點環路。假設 a、b、c 為 X 上基點相同的環路。

以 $\frac{1}{2}$ 的時間走 a 後，再以 $\frac{1}{2}$ 的時間走 b 後的環路，用符號記為 $a*b$（圖7-4-1）。在這裡，跟前一節一樣，在單位時間內走完 a 再走 b 的任一環路，都是視為相同的路徑，記為 $a*b$。因此，$a*a$ 與 a^2 相同，由 $a*a=a^2$ 可知 $a^m*a^n=a^{m+n}$ 通常成立（m 與 n 為自然數）。

然後，如圖7-4-2，在 X 的帶點環路中，存在「能夠連續變為一點的環路」。這樣的環路稱為**零倫（nulhomotopic）**環路。此路徑本質上與前一節的常數映射 e 相同，所以也可記為 e。路徑 e 無論是先走或後走，本質上不會影響路徑（圖7-4-3），式子記為 $e*a=a*e=a$。

然後，圖7-4-4為逆向行走帶點環路 a，令這樣的環路為 a'，則 $a*a'=a'*a=e$ 成立。因次，將環路 a' 記為 a^{-1}，則 $a^m*a^n=a^{m+n}$ 成立（m 與 n 為整數）。

在這邊，演算 $*$ 的**結合律** $(a*b)*c=a*(b*c)$ 成立。左式為以 $\frac{1}{2}$ 時間走完路徑 $a*b$ 後，再以 $\frac{1}{2}$ 時間走完路徑 c 的環路；右式是以 $\frac{1}{2}$ 時間走完路徑 a 後，再以 $\frac{1}{2}$ 時間走完路徑 $b*c$ 的環路。兩者可固定基點來相互轉換，本質上視為相同的路徑。因為不需要注意順序，也可省略式子中的括號。

圖7-4-1

圖形 X

a　b

$a*b$

$a*a=a^2$

基點

※因為出發點不好找，所以僅讓起點、終點與基點一致。

圖7-4-2

零倫環路

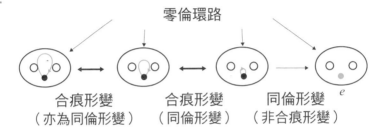

合痕形變　　　　合痕形變　　　　同倫形變
（亦為同倫形變）　（同倫形變）　　（非合痕形變）

e

圖7-4-3

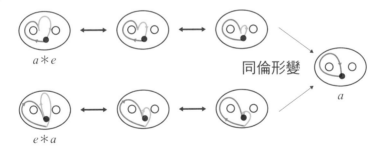

$a*e$

同倫形變

$e*a$

a

圖7-4-4

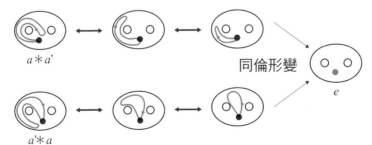

$a*a'$

同倫形變

$a'*a$

e

7-5 「基本群」是什麼？

　　圖形 X 中，帶有基點的環路集合非單純的集合，而是滿足下述三個條件的集合。這樣的集合稱為**群**，而這樣的環路集合稱為**圖形 X 的帶點基本群**（fundamental group）。

(1) 可在集合內定義演算法。

(2) 集合內存在**單位元**（identity element）。

(3) 集合內的所有元素皆存在**逆元**（inverse element）。

　　首先來討論(1)。環路上的演算為 $*$，在連接環路的操作上，a 與 b 為 X 上的環路時，$a*b$ 也會是 X 上的環路，所以(1)成立。(2)的**單位元**是指，對集合中的任一元素 a，滿足等式 $a*a'=a'*a=a$ 的元素 a'。在這裡，零倫環路 e 相當於 a'，所以(2)也成立。(3)的**逆元**是指，對集合中的任一元素 a，滿足等式 $a*a'=a'*a=e$ 的元素 a'。在這裡，相當於逆向環繞環路 a 的環路 a^{-1}。

　　若圖形 X 為弧狀連通，則無論基點為何，基本群皆不會改變。此時，我們會簡單稱這樣的群，為圖形 X 的**基本群**。基本群由生成元（generating element）之間的關係式決定，如果兩個圖形的基本群不同，則兩者不同胚。

　　單連通圖形的環路為零倫環路，所以基本群是僅由單位元組成的群，稱為**平凡群**（trivial group）。因此，龐加萊猜想的命題主張：「**基本群平凡的三維閉流形，僅有三維球面**」。

圖7-5

(1) a、b：以 x 為基點的環路
　$\rightarrow a*b$：以 x 為基點的環路

(2)

單位元
滿足 $a*e=e*a=a$ 的元素 e

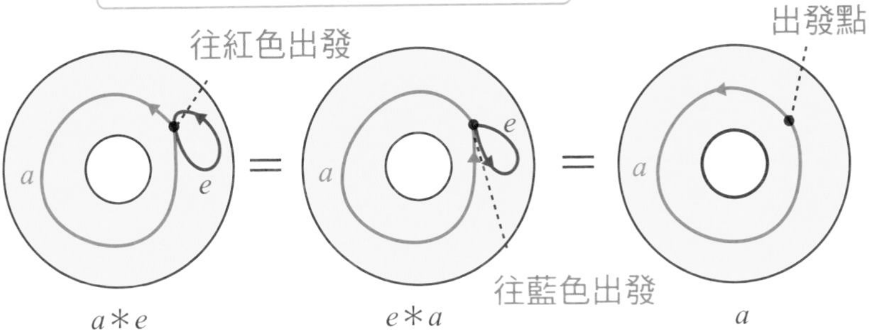

往紅色出發
出發點
a
e
=
a
e
=
a
往藍色出發
a*e
e*a
a

(3)

逆元
滿足 $a*a'=a'*a=e$ 的元素 a' → 這樣的 a' 記為 a^{-1}

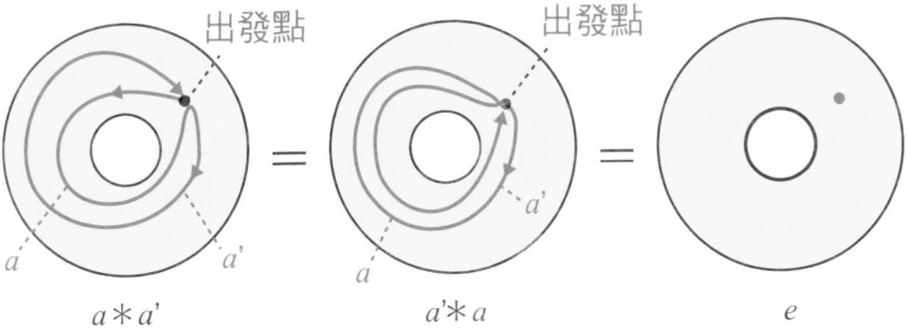

出發點
出發點
=
=
a
a'
a'
a
a*a'
a'*a
e

7-6 「生成元」是什麼？

　　若圖形基本群 G 的各元素能以子集合 S 中的數個元素表達，則稱 S **生成** G、S 的元素為 G 的**生成元**。此時，若含 S 的集合生成 G，S 的任一元素都無法用 S 的其他元素表達，則稱 S 是 G 的**獨立生成元集合**。這一節要來說明相關例子，首先舉圓環面的例子。如圖7-6-1令以 x 為基點、逆時針環繞孔洞周圍的單圈環路為 a，則集合 $\{a\}$ 生成圓環面的基本群 G，環路 a 是 G 的生成元。

　　接著，想像圓盤去掉兩個小圓盤的圖形。令其為 X，則 X 上任一環路都可如圖7-6-2左用兩個環路 a 與 b 來表示。例如，圖7-6-2中央逆時針環繞兩孔周圍的單圈環路 c，可記為 $a*b$；逆時針環繞左邊小孔的三圈環路（圖7-6-2右），可記為 a^{-3}。如同上述，集合 $\{a, b\}$ 生成 X 的基本群，是 X 的獨立生成元集合。生成元集合的取法並不唯一，集合 $\{a, c\}$、集合 $\{a, b, c\}$ 都是生成元集合，但前者為獨立集合，後者不是獨立集合。

　　然後，以環面為例子。如圖7-6-3環面上的單圈環路，分別稱為**緯圈**（Longitude）與**經圈**（Meridian），環面上的任一環路都能用兩個環路來表達。因此，兩者形成的集合生成環面的基本群，分別是此基本群的生成元。

圖7-6-1

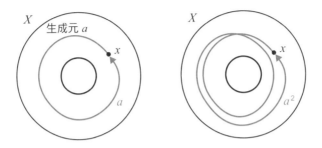

圖7-6-2

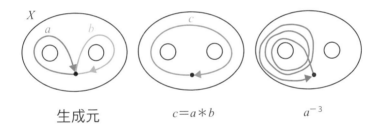

圖7-6-3

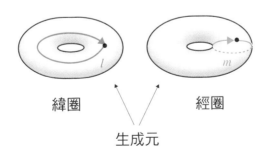

7-7 「圓周」的基本群

　　圓周的基本群是滿足7-5節中(1)～(3)圓周上的環路集合，但這是什麼集合呢？

　　在此為求這個群（**類型**），會如下定義**同構映射**（**isomorphism mapping**）。圖形是以其間有無同胚映射來區別，而群是以有無同構映射來區別。

　　從群 G 到群 G' 的映射 $g：G→G'$ 為同構映射，是指映射 g 為一對一映成映射，且對於 G 的兩元素 a、b，$g(a*b)=g(a)*g(b)$ 成立。此時，一般是稱 G 與 G' 同構，但本書是稱**相同類型**。

　　在決定圓周的基本群類型時，會關注該群的獨立**生成元**。跟圓環面一樣，以逆時針環繞單圈環路為生成元。若同樣令為 a，則 $a^m*a^n=a^{m+n}$ 成立。

　　將從圓周基本群 G 到全部整數集合 $\mathbb{Z}$ 的映射，定義為 $g(a^m)=m$，則 g 是一對一映成映射（但 $\mathbb{Z}$ 是群）。又因 $g(a^m*a^n)=g(a^{m+n})=m+n=g(g^m)+g(a^n)$ 成立，可知 g 為同構映射。換言之，圓周的基本群會跟全部整數的集合 $\mathbb{Z}$ 同類型。

　　在此處，全部整數集合 $\mathbb{Z}$ 中的演算，為一般的加法。映射 g 是讓逆時針環繞圓周 n 圈的環路，對應整數 n 的映射；一圈都沒有的環路，對應整數0；逆時針環繞 n 圈的環路，對應整數 n（n 為自然數）。

圖7-7

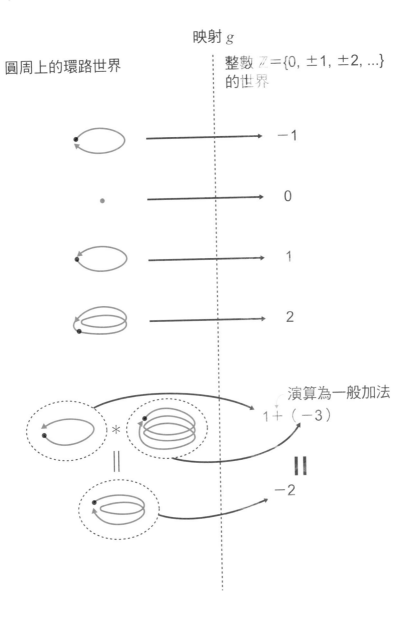

7-8 「環面」的基本群

環面的基本群（類型）是什麼群呢？在決定群的類型時，我們會關注獨立**生成元**。雖然生成元有各種不同的取法，但群的類型是唯一固定的，跟生成元的取法無關，而環面的生成元採用**經圈**與**緯圈**。

如圖7-8-1，令經圈為 m、緯圈為 l。這兩個環路有什麼關係呢？請各位回想環面的展開圖（圖7-8-2），長方形的邊剛好對應 m 與 l。由圖可知，$m*l*m^{-1}*l^{-1}$ 路徑為圓盤的邊界，所以是零倫路徑，亦即 $m*l*m^{-1}*l^{-1}=e$。在此等式的兩邊用符號 $*$ 連接 $l*m$，變成 $m*l*m^{-1}*l^{-1}*l*m=e*l*m$，根據7-5群的定義(2)與(3)，式子可整理為 $m*l=l*m$。

這件事實際操作就能明白。我們在游泳圈上寬鬆地纏繞繩子，此時不需要管 m 方向與 l 方向的順序，只要纏繞的總數相同，纏繞的結果就會一樣。因為繩子能夠變動相互轉換（圖7-8-3）。

根據前一節的結論，繩子纏繞幾圈以符號 $\mathbb{Z}$ 表示，環面的基本群能用 m 方向的 $\mathbb{Z}$ 與 l 方向的 $\mathbb{Z}$ 組合來表達。這樣的 $\mathbb{Z}$ 與 $\mathbb{Z}$ 組合，記為 $\mathbb{Z}\oplus\mathbb{Z}$。符號 $\oplus$ 表示纏繞方式不受 m 方向與 l 方向順序的影響。

圖7-8-1

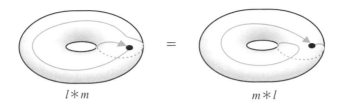

$l*m$　　　　　$m*l$

圖7-8-2

環繞長方形一圈的環路
$m*l*m^{-1}*l^{-1}=e$

環面的展開圖

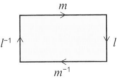

圖7-8-3

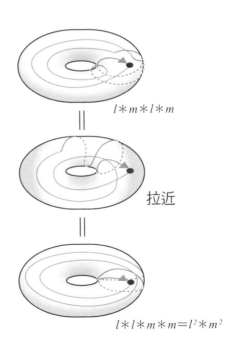

$l*m*l*m$

=

拉近

=

$l*l*m*m=l^2*m^2$

架橋遊戲

在這裡要來介紹在數學、經濟學、賽局理論等各大領域中，展現成果的大衛・蓋爾（David Gale，1921～2008年）所提出的**架橋遊戲**。

如**圖1**給予頂點，讓A與B兩位玩家相互「架橋」的競爭遊戲。A選取黑色圓點，每次僅能畫出一條邊架橋，由上端往下端（或由下端往上端）連接簡圖。

此時要注意，邊僅能連結上下左右的1組鄰近端點，不能連接對角線的斜點線。同樣的，B選取白色圓點，由左端往右端（或由右端往左端）連接簡圖。

決定誰先開始後，兩位玩家輪流，每次畫出1邊，一面想辦法阻饒對手延展簡圖，一面連接自己的簡圖。例如，**圖2**是先架橋者獲勝的例子，圓圈數表示架橋順序。這是一個類似滲透（percolation）模型的趣味遊戲，那麼這遊戲有沒有先架橋者必勝的方法呢？不妨思考看看。

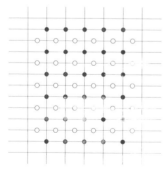

圖1　架橋遊戲

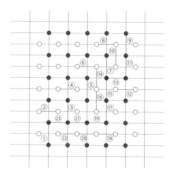

圖2　先架橋者獲勝的例子

第 8 章

扭結的不變量
不變動也知道是否等價

在三維空間中，變動閉曲面（扭結）能夠
轉為各種不同的形狀。我們可透過扭結的
不變量，在不變動的情況下，知道兩扭結
能否相互轉換。在第8章一起來認識幾種
扭結的不變量吧。

8-1 判斷兩扭結是否等價的「扭結不變量」

　　兩扭結等價，是指其中一扭結在空間中變動，可轉為另一扭結（參見1-4）。換言之，若變形後能夠轉為另一個扭結，就表示兩者等價。例如，**8字結**如圖8-1-1變形後，可轉成左右相反的扭結，所以兩者為等價的扭結。

　　然而，合痕形變通常難以用來判斷兩扭結是否等價。因為在空間中的扭結，變動方式有無限多種，即便其中一扭結變動數百次都無法轉為另一扭結，也有可能再進行一次的變動，就能轉為另一扭結。順便一提，8字結具有一定的強度，可用於日常生活中各種狀況（圖8-1-2）。半結等扭結會在「繩結」處彎曲，但8字結不彎曲，所以也可用於釣魚線上。

　　另外，還有外觀完全不同，卻為等價的兩扭結。遇到這種情況，合痕形變打從一開始就沒有希望。例如，圖8-1-3兩扭結看起來是完全不同的扭結，但其實是等價扭結。

　　扭結不變量可以幫助我們判斷兩扭結是否等價。如果兩扭結不等價，則扭結不變量的數值也不會相同。例如，扭結的虧格就是扭結不變量（參見6-6）。在本章中，我們會介紹幾種扭結不變量。

圖8-1-1

合痕形變　合痕形變

8字結　　　　　　　　　8字結的鏡像

圖8-1-2

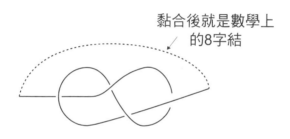

黏合後就是數學上
的8字結

日常生活上使用的8字「繩結」

圖8-1-3

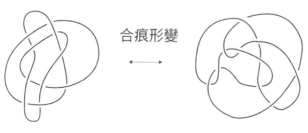

合痕形變

等價扭結

8-2 三種變形「萊德邁斯特移動」

　　在8-1節提到，一般難以在空間中討論兩扭結是否等價。扭結在空間中的變動方法有無限多種，大多都沒辦法如自己所願地從其中一個扭結轉為另一個扭結。

　　於是，我們不在三維空間中變動扭結，而改為在自由度低的二維空間中討論。變動方法比較少，處理起來相對容易。

　　這可由德國數學家庫爾特・萊德邁斯特（Kurt Reidemeister，1893～1971年）成功證明的定理，得到印證。

　　「若二扭結的正則圖式（參見6-1）可透過**萊德邁斯特移動（Reidemeister move）I、II、III**三種形變（圖8-2）相互轉換，則在三維空間中的原扭結，也能藉由合痕形變相互轉換。反之亦然，二扭結能夠藉由合痕形變相互轉換，則正則圖式也可透過萊德邁斯特移動相互轉換。」

　　因此，我們可將空間中的圖形，射影為平面圖形，以討論扭結的等價問題。換言之，「扭結不變量不受萊德邁斯特移動的影響」。

　　數學家發現許多扭結的不變量。我們將在下一節繼續討論，在扭結正則圖式上定義的扭結不變量。

圖8-2

萊德邁斯特移動I

或

萊德邁斯特移動II

或

萊德邁斯特移動III

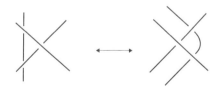

8-3 「三色性」是扭結不變量

只要不剪斷繩子，就沒有辦法解開三葉結，前面的章節並未嚴格證明這件事。

因此，這一節要來討論**三色性（Tricolorability）**這個扭結不變量，以證明三葉結與平凡扭結不等價。

在扭結 K 的正則圖式「交點間的各繩子」塗上一個顏色，以滿足下述①或②的條件，若圖式整體能夠塗上至少兩個顏色，則稱 K **具有三色性**。

①各交點周圍的三條繩子顏色不同。
②各交點周圍的三條繩子顏色相同。

若扭結的正則圖式**可能**為三色，則對正則圖式進行萊德邁斯特移動，圖形仍具有三色性；若是**不可能**為三色，即便進行萊德邁斯特移動，圖形也不具有三色性（圖8-3-1）。

因此，當拿到一個扭結，此扭結是否具有三色性，不受正則圖式所影響。

圖8-3-2表示三葉結的正則圖式具有三色性。另一方面，平凡扭結的正則圖式不具有三色性，可知三色扭結與平凡扭結不等價。

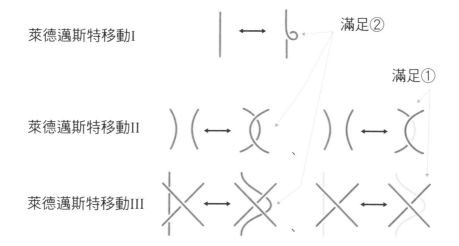

圖8-3-1

萊德邁斯特移動I

萊德邁斯特移動II

萊德邁斯特移動III

滿足②

滿足①

圖8-3-2

三葉結具有三色性，滿足①且能塗成三色。

平凡扭結不具有三色性，滿足②且能塗成一色。

8-4 「聯立方程式」判斷是否具有三色性

8-3節討論扭結的三色性。扭結是否具有三色性，另外可由扭結正則圖式列出的聯立一次方程式來判斷。若該聯立方程式僅有平凡解（trivial solution，如下說明），則不具三色性；反之（有非平凡解）則具有三色性。這一節要來說明這件事。

如圖8-4對「交點間的繩子」分配變數，讓扭結正則圖式的各交點能夠對應此式「2（上路徑）−（下路徑1）−（下路徑2）＝（3的倍數）」。此時，全部有多少交點，就能列出多少式子，若「交點間的繩子」全部對應0、1、2滿足所有式子，且在0、1、2中至少有兩個方程式的解，則定義為具有三色性。

例如，對三葉結「交點間的繩子」如圖8-4分配變數，能夠列出下面三條式子：

$$\begin{cases} 2y-z-x＝（3的倍數） \\ 2z-x-y＝（3的倍數） \\ 2x-y-z＝（3的倍數） \end{cases}$$

$x＝y＝z＝0, 1, 2$ 滿足以上三條方程式，為聯立方程式的解（所有變數相等的解，稱為平凡解），但即便變數皆為不同數值，例如 $x=0$, $y=1, z=2$，上述三條方程式仍成立，所以可知三葉結具有三色性。

圖8-4

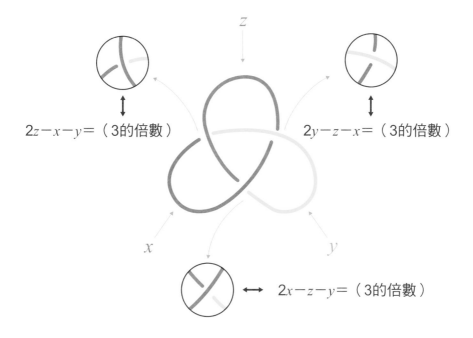

$2z-x-y=$（3的倍數）

$2y-z-x=$（3的倍數）

$2x-z-y=$（3的倍數）

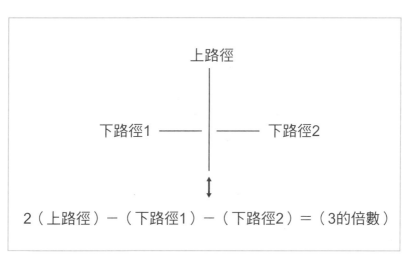

上路徑

下路徑1 ——　| ——　下路徑2

2（上路徑）$-$（下路徑1）$-$（下路徑2）$=$（3的倍數）

8-5 「消除扭結的最小操作數」 是扭結不變量

　　6-2節說明任一扭結的正則圖式，都可透過**交點置換（交叉交換）** 轉為平凡扭結的正則圖式（圖8-5-1）。若能像這樣在扭結正則圖式上，進行有限次數的局部操作，轉為平凡扭結的圖式，則稱此操作為**扭結消除操作（unknotting operation）**。

　　如同前面所述，此操作分為兩種方式（右向操作與左向操作）。理所當然，我們需要這兩種操作才能消除扭結。

　　除了交點置換之外，還有許多其他的扭結消除操作，例如 **Δ型扭結消除操作**（圖8-5-2）。由圖8-5-3的形變，可知這是消除扭結的操作。將扭結強制作成如圖8-5-3的箍環沿著繩子滑動，當遇到交叉點時，直接飛越交叉點的跨欄，將箍環帶到箍環的根部。

　　當拿到一個扭結 K，在 K 的正則圖式 D 上進行數次扭結消除操作後，轉為平凡扭結圖式的最小操作數，稱為 ***D* 的扭結消除數**。K 的所有可能正則圖式中的最小數操作數，稱為 ***K* 的扭結消除數**。這會是扭結的不變量。

　　例如，三葉結經由交叉交換的扭結消除數是1（圖8-5-4）。因為三葉結能透過1次交叉交換轉為平凡扭結，又根據8-3三葉結不是平凡扭結，最少需要1次的交叉交換。

圖8-5-1

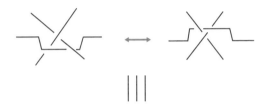

交點置換（交叉交換），
稱為扭結消除操作。

圖8-5-2

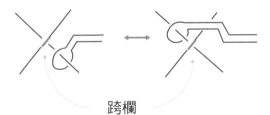

圖8-5-3

跨欄

Δ 型扭結消除操作，
箍環直接飛越跨欄

圖8-5-4

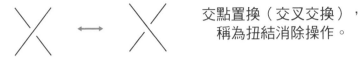

三葉結　　交叉交換　　　　　合痕形變　　平凡扭結

經過1次交叉交換，轉為平凡扭結

什麼是「複雜網路」？

自1998年開始，出現稱為**複雜網路（Complex Networks）**等新研究領域，研究對象廣泛，包括網際網路、公路網、電力網、人際關係、企業間交易等。**網路**可想成如本書說明、由**頂點**與**邊**所構成的簡圖。因為是用來處理現實中的複雜現象，所以前綴「複雜」來形容。表示複雜網路特徵的指標非常多，常用於分析的特徵量有下述三種：

①**次數分布（frequency distribution）**：頂點連接邊數的分布。

②**頂點間平均距離**：所有「頂點對」的距離平均值。

③**群聚係數（clustering coefficient）**：表示密集連接程度的係數。

再講得稍微具體一點，「頂點」可解釋為「人」，「邊」解釋為「朋友關係」，則可轉成下述說法：

①朋友的人數分布。

②隨意任取兩個人時的平均距離。

③朋友的朋友也是朋友的機率。

此外，次數分布遵從冪分布的網路〔具有無尺度碎型的巢狀結構（nested structure）〕，稱為**無尺度網路（scale-free network）**；頂點間平均距離小、群聚係數大的網路，稱為**小世界網路（small-world network）**。

近來盛行研究在導入災害時，隨時間經過的狀況變化，進一步考慮空間結構的複雜網路。想要深入了解的讀者，請翻閱日文Si新書《マンガでわかる複雑ネットワーク》（暫譯：看漫畫學複雜網路，右田正夫、今野紀雄／著）。

第 9 章

曲面幾何
三種曲率

第9章將討論表示圖形彎曲狀態的「曲率」，說明曲面的三種曲率，並介紹聯繫曲率與歐拉示性數的「高斯－博內公式」。這是結合拓樸學與微分幾何學的公式。

9-1 彎曲狀態相同的「齊性流形」

　　無論是彎曲圖形還是平面圖形，只要同胚，在拓樸學上就會視為相同的圖形。不過，從這一節開始，需要考慮圖形的彎曲狀態，更精密地區別圖形。根據這個觀點，分別是**第9章**的二維閉流形（**閉曲面**）與**第10章**的三維閉流形。

　　由定義來看，對住在閉曲面的居民來說，閉曲面是非無限延伸、沒有盡頭的曲面（參見5-4節）。非無限延伸的圖形，在數學上稱為**緊緻（compact）**圖形。如同日常生活上「緊緻、緊實、拉緊」的意義，在數學上也是類似的意思。

　　非無限延伸的例子有莫比烏斯帶，但莫比烏斯帶是有盡頭的曲面，所以不是閉曲面（圖9-1-1）。閉曲面的例子有二維球面、環面、n 人游泳圈等（圖9-1-2）。

　　不過，環面外側與內側的彎曲狀態不同（參見9-2），外側是像放大鏡表面一樣的凸形；內側卻是像馬鞍的形狀。馬鞍是用來乘載人或貨物，置於牛、馬等背上的工具，英文為saddle。腳踏車的座椅也是馬鞍形。圖9-1-3所示的點，稱為**鞍點（saddle point）**。

　　環形是一種流形，由於不同位置彎曲狀態不同，因此稱為**非齊性（nonhomogeneous）**流形；而球面、平面上各點彎曲狀態都相同的流形，則稱為**齊性（homogeneous）**流形。**第9章**與**第10章**主要是處理齊性流形的問題。

圖9-1-1

・非無限延伸的圖形
　（緊緻圖形）
・具有盡頭＝有邊界
　（紅線部分）的圖形

・無限延伸的圖形
・沒有盡頭的圖形

莫比烏斯帶　　　　　　　　　　開圓盤

圖9-1-2

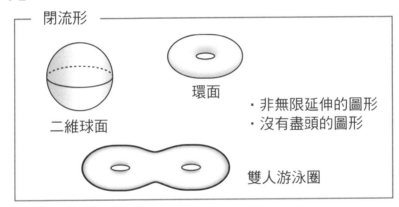

閉流形

環面

・非無限延伸的圖形
・沒有盡頭的圖形

二維球面

雙人游泳圈

圖9-1-3

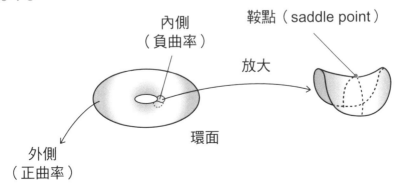

內側
（負曲率）

鞍點（saddle point）

放大

外側
（正曲率）

環面

9-2 「曲率」表示「曲線」的彎曲狀態

曲率是用來表示曲線「彎曲狀態」的數值。曲率的嚴格定義，需要用到微積分的知識，所以這邊就不拘泥於是否嚴格，直接用圖形進行說明。

圖9-2表示點P微小的（非常小的）周圍，請想像用放大鏡或顯微鏡，放大點P周圍的圖形。

曲線上點P的**曲率**是指，從點P僅前進微小長度 ΔS 時，彎曲角度 $\Delta \theta$ 相對於該長度的比例 $\dfrac{\Delta \theta}{\Delta S}$，彎曲狀態愈大，比例也會愈大。另外，測量角度 $\Delta \theta$ 時，會定義逆時針為正、順時針為負，但在此不深入解釋為何如此。

此時，曲率的倒數 $\dfrac{\Delta S}{\Delta \theta}$ 稱為點P的**曲率半徑**（圖中的 R）。曲率半徑是，將點P周圍視為圓的一部分（稱為**弧**）時，圓的半徑。

例如，計算半徑1的圓周曲率。圓周上各點的彎曲比例都相同，所以在圓周上取一點，從該點前進半個圓周。此時，長度前進了 π、中心角為 π，所以曲率為 $\dfrac{\pi}{\pi}=1$。

同理，半徑 r 上各點的圓周曲率都是 $\dfrac{1}{r}$。如同預期，半徑愈小曲率愈大，亦即彎曲狀態愈大。

因為各點的曲率固定，所以圓周是一維齊性流形；而橢圓的曲率不固定，所以是一維非齊性流形。

圖9-2

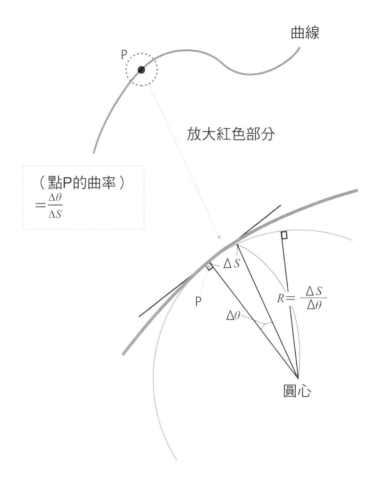

曲線

P

放大紅色部分

（點P的曲率）
$=\dfrac{\Delta\theta}{\Delta S}$

ΔS

P

$R=\dfrac{\Delta S}{\Delta\theta}$

$\Delta\theta$

圓心

9-3 「高斯曲率」表示「曲面」彎曲狀態

　　即便我們能夠想像二維流形（曲面），但很多時候卻難用紙張實際作成。例如，地球儀的表面為球面，雖然可用紙張黏貼成「紙模型」，卻沒有想像中的圓，需要讓紙張「皺」成圓型，才能作成圓的地球儀。相反的，將球面切開平攤在平面上，表面會產生破損。這是因為平面與球面的彎曲狀態不同。

　　表示曲面彎曲狀態的數值有**高斯曲率（Gauss curvature）**。曲面上點P的高斯曲率是指，用與點P相切平面（**切平面**）垂直的平面（圖9-3-1、圖9-3-2）縱切時，曲線曲率最大值 K_1 與最小值 K_2 的乘積（$K_1 \times K_2$）。高斯曲率也帶有正負號，可根據切圓中心在曲面哪一側任意決定。

　　在半徑 r 的球面上，各點都是 $K_1 = K_2 = \pm \dfrac{1}{r}$，所以高斯曲率為 $\dfrac{1}{r^2}$（圖9-3-2）。二維流形具有**齊性**是指，任一點的高斯曲率皆為相同的數值。

　　若曲面帶有正的高斯曲率，則攤在平面上時會破損；若曲面帶有負的高斯曲率，則攤在平面上時會皺起來。

　　國中數學常用來處理圖形性質的幾何學，是在零曲率平面上的幾何學，稱為**歐幾里得幾何**。在非零曲率的曲面上，三角形、平行線等基本圖形具有不同以往常識的性質，帶有正曲率的幾何稱為**橢圓幾何**；帶有負曲率的幾何稱為**雙曲幾何**。

圖9-3-1

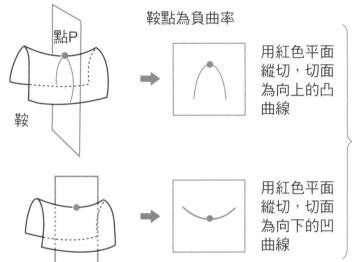

鞍點為負曲率

點P

鞍

用紅色平面縱切，切面為向上的凸曲線

用紅色平面縱切，切面為向下的凹曲線

高斯曲率為負

圖9-3-2

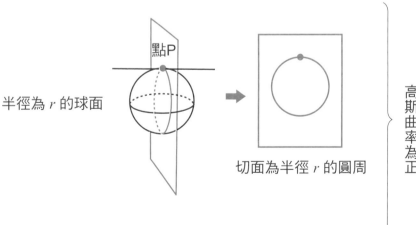

點P

半徑為 r 的球面

切面為半徑 r 的圓周

高斯曲率為正

9-4　圓柱、圓錐的高斯曲率為0？

關於歐幾里得幾何的性質，想必大家都很熟悉，這一節我們要從「曲率」的角度，重新來看歐幾里得幾何。以下簡稱高斯曲率為曲率。

零曲率曲面是什麼圖形呢？或許有人會聯想無限延伸的平面。然而，**外觀乍看之下彎曲的曲面，也有曲率為0的圖形。**

例如，圓柱或圓錐就是曲率為0的曲面。即便沒有複雜的曲率計算，也可由圓柱或圓錐上兩點間的（最短）距離，與切開攤成平面時此兩點間的距離相等，得知圓柱、圓錐的曲率為0。

德國數學家卡爾·弗里德里希·高斯（Carl Friedrich Gauss，1777～1855年）所發現並驗證的定理如下：

「兩點間距離相等的諸曲面具有相同的曲率。」

實際上，如圖9-4在圓柱或圓錐上選定兩點，兩點的連線，會與將圓柱或圓錐切開攤成平面時，此兩點間的線段一致。

確認方法還有：求三角形的內角和，確認曲面上的三角形內角和是否為180°。這個曲面上的三角形是指，以兩頂點間最短距離連線（稱為**測地線**）為邊的三角形。若三角形的內角和為180°，則此曲面的曲率為0。這是被關進曲面上的二維人也能夠確認的方法。

圖9-4

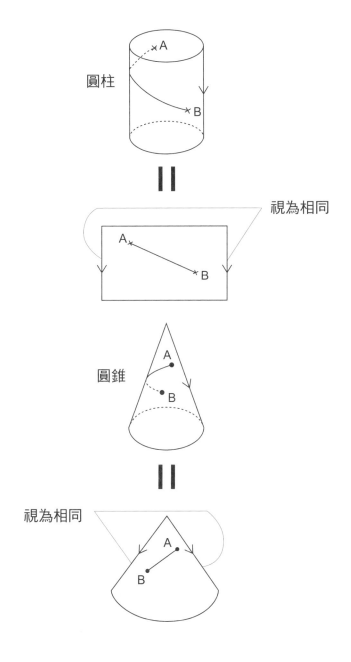

9-5 平坦環面的曲率為0

9-1節提到環面為非齊性流形。環面在三維空間時為非齊性，但帶到四維以上的空間，形狀能夠轉為齊性流形，但此時的曲率會變為0。

關於在四維以上空間的零曲率環面，本書不會深入討論，但讀者可如圖9-5-1將正方形的兩對邊視為相同，來實際體會。我們將這樣的圖形稱為**平坦環面**。這種圖形在三維空間中本來不能如此平坦展開，請想像成將對邊視為相同的空間。

對於在平坦環面的二維人來說，周圍會是什麼景象呢？答案是往前看會看到自己的背影，往左看會看到自己的右側。這可想為無限多個正方形的環面展開圖，如圖9-5-1黏合在一起的流形。

在此用**展開圖**表示平坦環面的曲率為0。由正方形內部為平坦的，可確認正方形的頂點周圍為平坦的。因為四個頂點視為相同，所以走哪個頂點周圍都沒有關係，例如走 a、b、c、d 回到出發點。長方形的內角皆為90°，所以走一圈為360°。這在正六角形上確認，也會得到同樣的結果（圖9-5-2）。因此，由各點為平面，可知平坦環面是曲率為0的流形。

圖9-5-1

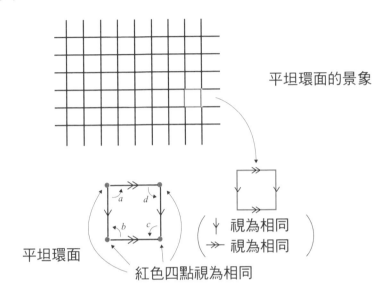

平坦環面的景象

平坦環面

紅色四點視為相同

（ ↓ 視為相同
⇒ 視為相同 ）

圖9-5-2

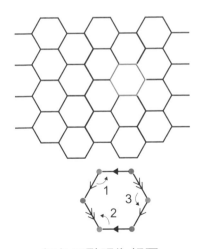

紅色三點視為相同，
綠色三點視為相同，
1→2→3走一圈為360°

9-6 「球面」與「射影平面」具有橢圓幾何結構

跟前面9-5節一樣，用**展開圖說明球面與射影平面具有橢圓幾何結構**。因為正方形的內部平坦，我們讓二維人走到頂點周圍，研究彎曲狀態。

圖9-6-1是球面的展開圖（參見5-6）。由上橫線左端附近出發，橫穿過左縱線的上端(a)後回到出發點。走c也會是相同的情況。換言之，被關進球面的二維人會覺得周圍平坦，自己認為環繞點的周圍360°，實際上僅環繞了90°。再者，由左縱線下端附近出發，橫穿過下橫線的左端(b)，然後會從右縱線的上端走出來，橫穿過上橫線的右端(d)後回到出發點。此時，二維人自己認為環繞點周圍360°，實際上僅環繞180°。由此可知，球面具有橢圓幾何結構。

我們也可用正六角形的展開圖說明相同的情況（請自行嘗試看看）。不過，球面具有正曲率，對能從球面外觀測球面的我們三維人來說，是相當明顯的事情。

接著，在三維人無法觀測的射影平面上，讓二維人走頂點周圍來研究彎曲狀態。圖9-6-2是射影平面的展開圖（參見5-7）。從上橫線的左端附近出發，走過a、c會回到出發點；又從左縱線的下端附近出發，走過b、d也會回到出發點。換言之，二維人會覺得周圍平坦，自己認為環繞點的周圍360°，但實際上僅環繞180°。

圖9-6-1

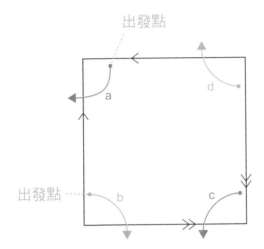

球面的展開圖

圖9-6-2

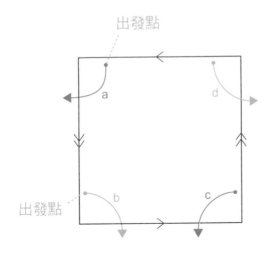

射影平面的展開圖

9-7 「雙人游泳圈」具有雙曲幾何結構

具有負曲率的曲面上，存在鞍點（參見9-1）。例如，**貝爾特拉米偽球（Beltrami Pseudosphere）**的曲面，是具有負曲率的齊性流形，在形似喇叭無限延伸的曲面上，所有的點都是鞍點（圖9-7-1）。

其他具有負曲率的曲面，還有 **n 人游泳圈（n≧2）**。n 人乘坐游泳圈整頓後可變成齊性流形，此時的曲率會是負的。

集結曲面上所有點的曲率取得的平均值，稱為**全曲率（total curvature）**。一般的環面為非齊性，但取平均後的全曲率會是0，雙人以上游泳圈曲率會是負值。

雙人游泳圈具有雙曲幾何結構，這可由展開圖來確認。如圖9-7-2沿曲線剪開雙人乘坐游泳圈，取得正八角形的展開圖（當展開圖為八角形時，圖形的曲率不為0。因為沒辦法在不彎曲正八角形的情況下，完全嵌入平面）。

為了簡化說明，若以正八角形作為展開圖，會將正八角形的8個頂點全部視為相同的一點。想要在該點周圍環繞一圈回到原點，必須如圖9-7-3行走。因此，頂點的周圍必須黏合8個正八角形。展成平面的結果，頂點周圍的角度變成$135° \times 8 = 1080°$。

這個數值大於360°，可知雙人游泳圈具有雙曲幾何結構。

圖9-7-1

曲率為負的曲面

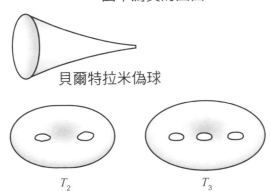

貝爾特拉米偽球

T_2　　　　T_3

圖9-7-2

雙人游泳圈

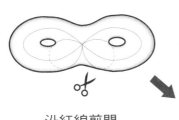

沿紅線剪開

圖9-7-3

雙人游泳圈的展開圖
為八角形

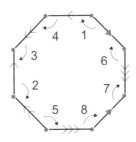

走1→2→3→4→5→6→7→8，
會環繞紅點一圈。

9-8 「球面三角形」內角和大於180°

讓正四面體膨脹形成球面時，身處於三維空間的我們，會覺得三角形的邊彎曲了，但被關進球面的二維人仍覺得是直線。球面上三角形的邊，是連結兩頂點間最短距離的線（**測地線**，參見9-4節），但在球面上則是大圓的弧。在球面上被這樣的三邊（測地線）圍起來的三角形，稱為**球面三角形**。這一節要來說明球面三角的內角和大於180°（圖9-8-1）。

首先，球面的面積為 $4\pi r^2$，所以半徑 r 球面、大圓圍起來的黃色區域（具有角 α 的兩枚葉狀區域）面積是 $4\alpha r^2$（圖9-8-2）。

球面三角形的各邊為大圓的弧，所以將具有角 α 的兩枚葉狀區域、具有角 β 的兩枚葉狀區域、具有角 γ 的兩枚葉狀區域，三者面積相加得到 $4r^2(\alpha+\beta+\gamma)$。這是球面面積與兩個三次重疊的球面三角形面積和（圖9-8-3）。換言之，下式成立：

$$4r^2(\alpha+\beta+\gamma)＝（球面面積）+4（球面三角形面積）$$

球面面積為 $4\pi r^2$，所以可推得下式：

$$（球面三角形的內角和）＝\pi+\frac{（球面三角形的面積）}{r^2}>\pi$$

由此可知，三角形的內角和大於180°。這是具有橢圓幾何結構的二維齊性流形，共通的性質。

圖9-8-1

球面三角形

內角和為270°

圖9-8-2

角 α

黃色部分面積為 $4\alpha r^2$

圖9-8-3

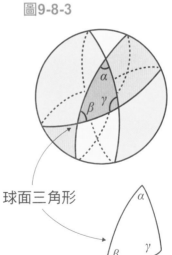

球面三角形

9-9 高斯－博內公式①
──橢圓幾何結構

　　對閉曲面進行多面體分割（單元分割）時，頂點數 v、邊數 e、面數 f 的計算值 $v-e+f$ 稱為歐拉示性數（參見3-5）。歐拉示性數不受曲面分割方式影響，是固定的拓樸不變數，其中球面的歐拉示性數為**2**。

　　這一節要說明，齊性閉曲面的歐拉示性數，與高斯曲率相關的**高斯－博內公式**（Gauss-Bonnet formula）在單位球面 S^2 上成立。假設有一閉曲面 M，其歐拉示性數、高斯曲率、面積分別為 $\chi(M)$、C、S，則高斯－博內公式如下：

$$C \cdot S = 2\pi \cdot \chi(M)$$

　　接著，對球面 S^2 進行球面多角形分割。令頂點數為 v、邊數為 e、面數為 f、各面為球面 m_i 角形、內角為 $\alpha(i, 1)$、$\alpha(i, 2)$、……、$\alpha(i, m_i)$，（$i=1, 2, ..., f$）（圖9-9-1）。根據9-8節，球面 m_i 角形的面積如下（圖9-9-2）：

　　（**球面 m_i 角形的面積**）$= \alpha(i, 1) + \alpha(i, 1) + \cdots + \alpha(i, m_i) - \pi(m_i - 2)$

　　各球面可得 f 個等式，將所有左式、右式相加，下式成立：

$$\sum_{i=1}^{f} [\alpha(i, 1) + \alpha(i, 2) + \cdots + \alpha(i, m_i)] = 2\pi v, \, m_1 + m_2 + \cdots + m_f = 2e$$

可推得下述等式：

$$S = 2\pi(v - e + f) = 2\pi \cdot （\textbf{球面的歐拉示性數}）$$

　　因為球面 S^2 的高斯曲率為1，可知高斯－博內公式 $1 \cdot S = 2\pi \cdot \chi(S^2)$ 成立。

圖9-9-1

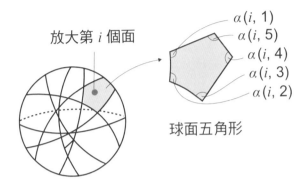

放大第 i 個面

$\alpha(i, 1)$
$\alpha(i, 5)$
$\alpha(i, 4)$
$\alpha(i, 3)$
$\alpha(i, 2)$

球面五角形

圖9-9-2

對球面進行球面多面體分割

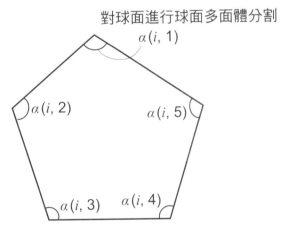

$\alpha(i, 1)$

$\alpha(i, 2)$

$\alpha(i, 5)$

$\alpha(i, 3)$　$\alpha(i, 4)$

球面五角形的面積＝$\alpha(i, 1)$＋$\alpha(i, 2)$＋...＋$\alpha(i, 5)$－$\pi(5-2)$

※參見9-8節

為五角形，所以是5

9-10 高斯-博內公式②
——歐幾里得幾何結構

這一節要用**曲率與面積**，求零曲率平面的**歐拉示性數**。對平面進行多角形分割，跟前一節相同，令頂點數為 v、邊數為 e、面數為 f、各面為 m_i 角形、內角為 $\alpha(i, 1)$、$\alpha(i, 2)$、$\cdots\cdots$、$\alpha(i, m_i)$，（$i = 1, 2, \cdots, f$）。因為歐幾里得幾何成立，所以三角形的內角和為 $180° = \pi$〔rad〕。180°在弧度法中是 π〔rad〕。因此，m_i 角形的內角和會是 $(m_i - 2)\pi$，且下述等式成立：

（m_i 角形的內角和）＝$\alpha(i, 1) + \alpha(i, 2) + \cdots + \alpha(i, m_i) = (m_i - 2)\pi$

由各面（m_i 角形）所得的上述等式，將全部 $i = 1, 2, \cdots, f$ 左式、右式相加後，可得下式：

（平面多角形分割的內角和）＝$2\pi v = (m_1 + m_2 + \cdots m_f)\pi - 2f\pi$

由此式與 $m_1 + m_2 + \cdots + m_f = 2e$，可得 $2\pi v = 2e\pi - 2f\pi$，最後推導出 $v - e + f = 0$。在這樣的情況下，高斯-博內公式成立如下：

$$0 \cdot S = 2\pi \cdot 0$$

圖9-10

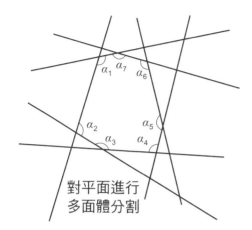

對平面進行
多面體分割

（七角形的內角和）
$=(7-2)\times180°$
$=5\times180°=5\times\pi$

180°在弧度法中
表示為π〔rad〕

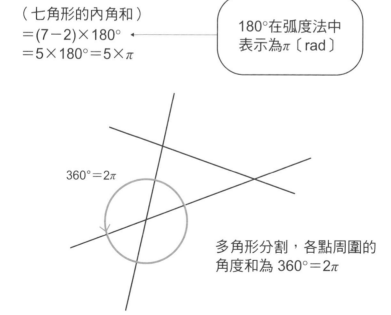

$360°=2\pi$

多角形分割，各點周圍的
角度和為 $360°=2\pi$

9-11 高斯－博內公式③ ──雙曲幾何結構

這一節，一起來用**曲率與面積，求曲率為1的曲面的歐拉示性數**。

對曲率為1的閉曲面，進行多角形分割，跟前一節相同，令頂點數為 v、邊數為 e、面數為 f、各面為 m_i 角形、內角為 $\alpha(i, 1)$、$\alpha(i, 2)$、……、$\alpha(i, m_i)$，（$i = 1, 2, \cdots, f$）。

曲率為1之曲面上的雙曲三角形，面積是 π－（雙曲三角形的內角和），在此不做詳細解釋。因此，下述式子成立：

（**雙曲 m_i 角形的面積**）$= \pi(m_i - 2) - \alpha(i, 1) - \alpha(i, 2) - \cdots - \alpha(i, m_i)$

跟前一節相同，由各面（m_i 角形）所得的上述等式，相加全部的左式、右式後，下式成立：

$$\sum_{i=1}^{f} [\alpha(i, 1) + \alpha(i, 2) + \cdots + \alpha(i, m_i)] = 2\pi v, \ m_1 + m_2 + \cdots + m_f = 2e$$

可得下述等式：

$$S = 2\pi e - 2\pi f - 2\pi v = -2\pi(v - e + f)$$

因此，在這樣的情況下，可知高斯－博內公式成立如下：

$$(-1) \cdot S = 2\pi \cdot （歐拉示性數）$$

圖9-11

雙曲 m_i 角形的面積＝$\pi-[\alpha(i,\,1)+\alpha(i,\,2)+\alpha(i,\,3)]$
$(m_i=3)$

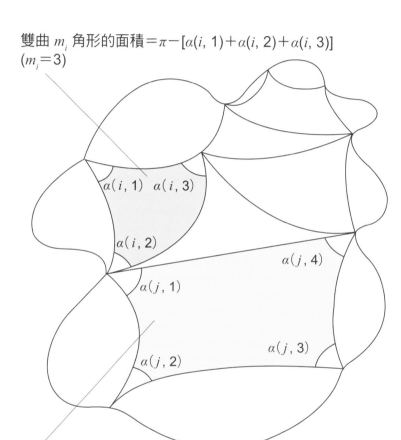

雙曲 m_i 角形的面積＝$2\pi-[\alpha(j,\,1)+\alpha(j,\,2)+\alpha(j,\,3)+\alpha(j,\,4)]$
$(m_j=4)$

9-12　閉曲面曲率與歐拉示性數的關係

　　由高斯－博內公式，可知閉曲面高斯曲率的正負號，與歐拉示性數的正負號相同。

　　可定向閉曲面有球面、環面、雙人游泳圈、……、n 人游泳圈（n＝0, 1, …），其歐拉示性數為 $2-2n$（參見**3-8**節）。其中，可將零人游泳圈想成是球面（**圖9-12-1**）。

　　因此，n 人游泳圈在 $2-2n>0$。所以，當 $n=0$，此曲面具有橢圓幾何結構；在 $n=1$ 時，具有歐幾里得幾何結構；在 $n≧2$時，具有雙曲幾何結構。

　　而**不可定向閉曲面**是根據含有幾條莫比烏斯帶進行分類（**圖9-12-2**），含有 n 個的曲面 M_n 歐拉示性數為 $2-n$（其中，$n=0$, 1, …。參見**5-11**節）。

　　由此可知，曲面 m_n 在$2-n>0$。因此當 $n=1$（M_0 為球面，所以 $n≠0$），此曲面具有橢圓幾何結構；$n=2$ 時，具有歐幾里得結構；$n≧3$ 時，具有雙曲幾何結構。其中，假設曲面是曲率固定的齊性圖形。

　　除了**圖9-12-1**球面，其他圖形不具齊性，非齊性圖形也有類似的公式成立，但該公式需用到積分符號，在此不深入討論，僅簡略說明。無論是如**圖9-12-1**的非齊性環面，還是更為歪曲的環面，從整體來看，連續相加曲面上的高斯曲率，最後會是一個定值。環面的正曲率和負曲率對消，可想成整體變為0。

圖**9-12-1**

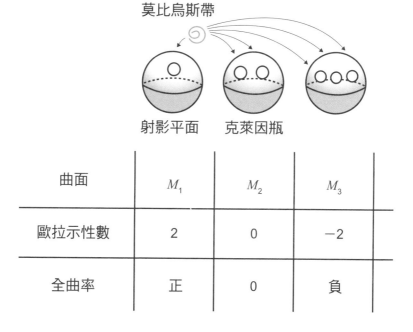

	球面	環面	雙人游泳圈
歐拉示性數	2	0	−2
全曲率	正	0	負

圖**9-12-2**

莫比烏斯帶

射影平面　克萊因瓶

曲面	M_1	M_2	M_3
歐拉示性數	2	0	−2
全曲率	正	0	負

簡圖的「複雜度」是什麼？

　　前一章 Column8 說明了**複雜網路**，但其實在圖論（Graph Theory）中，已有明確定義簡圖的**複雜度**，在這裡大略介紹一下。由簡圖所有頂點作成、不同等「樹」（非封閉路徑的連通圖）的數量，稱為複雜度。「同等」是指，簡圖的頂點集合與邊集合一致的情況（參見圖1）。將總頂點數為 n 的完全圖表（所有頂點間皆以邊相連的簡圖）記為 K_n，K_3 的複雜度如圖2所示為「3」；K_4 的複雜度如圖3所示為「16」。

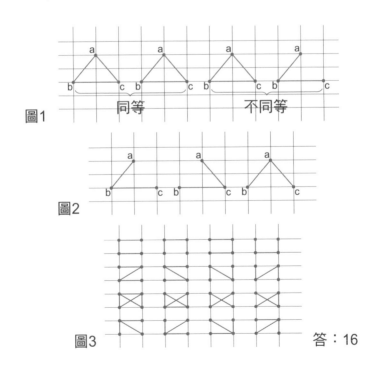

圖1

圖2

圖3　　　　　　　　　　　　　　　　答：16

第 10 章

宇宙是什麼形狀？
可能的形狀有哪些？

宇宙呈現什麼形狀呢？宇宙可想成是三維流形。第10章要介紹宇宙可能的形狀，並概述解開「龐加萊猜想」的關鍵——幾何化猜想。

10-1 宇宙的形狀是「三維流形」嗎？

太空人在太空中進行艙外活動時，他們的周圍是無限延伸的三維空間。

排除黑洞、白洞等特異狀況，宇宙可想成是局部與 $\mathbb{R}^3$ 同胚的三維空間。這樣的空間稱為**三維流形**。

宇宙的全貌目前仍舊不明。如同二維人難以認識曲面的形狀，我們三維人也難以想像三維空間的形狀。

然而，若用存在於三維世界的圖形來表示宇宙，我們或許就能夠認識其形狀。例如，圓筒不存在於二維世界，所以二維人難以想像其形狀，但若用平面切開的截面形狀（圓形），加以連接，就能理解為「類似圓環面的形狀」（圖10-1）。同理，我們也能利用三維圖形想像宇宙的形狀。

圖10-1

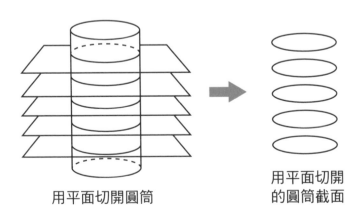

用平面切開圓筒

用平面切開的圓筒截面

　　幸運的是，龐加萊猜想的證明，讓我們**對宇宙形狀有更進一步的理解**。將宇宙視為沒有盡頭、非無限延伸的三維世界，則宇宙可由多個齊性流形「構成」。關於「構成」一詞會在 10-10 節概略講解，**構成宇宙的流形，大致可分為八種齊性幾何結**。

　　宇宙以局部來看是 $\mathbb{R}^3$，但整體來看未必是 $\mathbb{R}^3$。在本章中，會介紹幾種具有齊性幾何結構的具體圖形，其中可能就有與宇宙形狀相同的圖形。

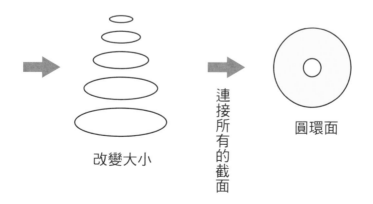

改變大小　　連接所有的截面　　圓環面

10-2 一維球面與二維球面

　　一維球面的圓形是與以 $\mathbb{R}^2$ 上的原點為中心、半徑為1的圓 S^1 同胚；二維球面的圓形是與以 $\mathbb{R}^3$ 上的原點為中心、半徑為1的球面 S^2 同胚。這一節要來講解，如何讓一維人和二維人，分別理解一維球面和二維球面的形狀。

　　想讓一維人理解一維球面，必須用一維世界中的圖形（點、線）來說明。所以，在此切開一維球面，用截面的形狀來解釋。

　　如圖**10-2-1**，用第二座標 y 切開單位圓 S^1。在 $y=-1$ 切開，截面是一點；在 $-1<y<1$ 切斷，截面是兩點；在 $y=1$ 切開，截面又變回一點。

圖**10-2-1**

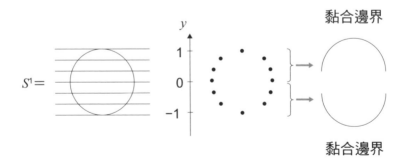

　　所以，我們可以說：**一維球面的圖形是從某處以一點出現後，立刻變成兩點，持續維持兩點到某處後，又再度變回一點消失。**

　　一維人透過分別連接 $y=-1\sim0$ 與 $y=0\sim1$ 的截面圖形，認識到兩條線段，即可理解**一維球面是黏合兩條線段邊界的圖形。**

　　同理，將球面 S^2 切開，觀測截面的圖形，會從一點（第三座標 $z=-1$）開始轉為圓周，圓周半徑逐漸變大（$-1<z<0$），到 $z=0$ 達到最大半徑1後，接著逐漸變小（$0<z<1$），最後變成一點消失。

　　在 $z=-1\sim0$ 與 $z=0\sim1$ 都會形成圓盤，所以二維人可理解：**二維球面是黏合兩圓盤邊界的圖形**（圖10-2-2）。

圖10-2-2

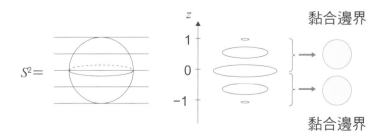

10-3 三維球面──橢圓幾何結構

單純延伸10-2的思維，我們可認為：**三維球面是黏合兩個三維球體邊界的圖形**。這一節要來進一步深入討論這件事。

跟10-2節的方式相同，切開三維單位球面 S^3，觀測其截面的形狀（圖10-3）。三維單位球面 S^3，是 $\mathbb{R}^4$ 圖形距離原點1單位的點集合整體。然後，三維球面是跟 S^3 同胚的圖形。由三維球面 S^3 的定義，第四座標 $w=-1$ 時，$x=y=z=0$，所以 $w=-1$的截面（xyz 的三維空間）會是位於原點的一點。當第四座標 w 的值為 $-1<w<0$，例如 $-\frac{1}{2}$ 時的截面，會是以 xyz 空間的原點為中心、半徑 $\frac{\sqrt{3}}{2}$ 的球面。在 $-1<w<0$，數值愈大時，例如 $-\frac{1}{4}$ 時的截面會是半徑 $\frac{\sqrt{15}}{4}$（大於 $\frac{\sqrt{3}}{2}$ 的數值）的球面。

如同上述，隨著 w 的數值從 -1逐漸接近0，球面半徑也會連續逐漸變大。然後，$0<w<1$ 時則相反過來，隨著 w 的數值變大，球面半徑會逐漸變小。在 $w=1$的截面再度變回位於原點的一點。

連接我們在第四座標 $w=-1$ 到 $w-0$ 時觀測的截面圖形，會形成以 xyz 空間的原點為中心、半徑為1的球體 B^3；同理，連接 $w=0$ 到 $w=1$，也會形成三維單位球體 B^3。由此可知，三維球面可透過結合（黏合）兩個三維單位球體 B^3上相同的點來構成。

圖10-3

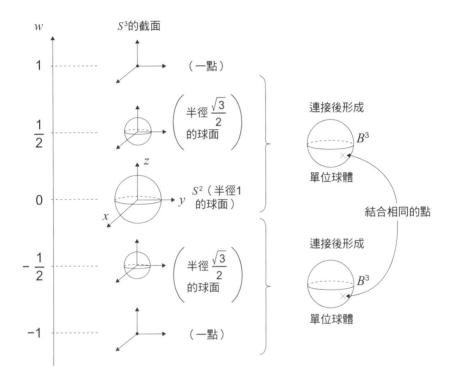

結合兩個單位球體相同的點，可形成 S^3

10-4 三環面
——歐幾里得幾何結構

第**9章**曾黏合正方形的邊界，構成封閉曲面。在這一節與下一節，會用立方體構成三維流形，並解說內部的情形和性質。

作為最簡單的黏合，先來討論如**圖10-4-1**分別黏合立方體6個側面與相對面的圖形吧。這樣的圖形稱為**三環面（three-torus）**，相當於平坦環面（參見**9-5**）的三維版本。

假設你在立方體的房間中，抬頭看向天花板，上面的房間、再上面的房間、更上面的房間……你會看到無限多個仰視天花板的自己。不管朝向哪個方向，你都可看到無限多個朝著相同方向的自己。穿過左側的牆壁後，會從右側的牆壁出現，不管穿過哪一面的牆壁，都會回到相同的房間，而且回到房間時的姿勢，會跟穿過房間前一樣，沒有左右相反。就這層意義來說，此流形是**可定向的流形**。

三環面具有歐幾里得幾何結構。因為立方體的8個頂點全部視為相同，所以能夠直接整個嵌入歐幾里得空間（**圖10-4-2**）。

改變黏合方式後，可構成其他的三維流形。例如，立方體的前後左右跟三環面一樣黏合，將上面旋轉 $\frac{1}{4}$ 圈或半圈，與底面黏合（**圖 10-4-3**）。這三個含有三環面的流形，皆為具有歐幾里得結構、可定向的三維流形，但彼此並不同胚。

圖10-4-1

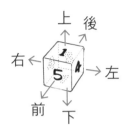

重疊相同的數字

圖10-4-2

三環面的流形

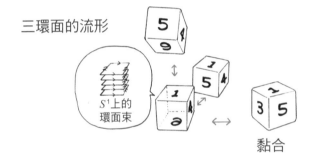

S^1上的
環面束

黏合

圖10-4-3

與三環面不同的流形

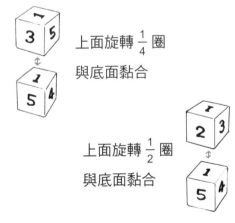

上面旋轉 $\frac{1}{4}$ 圈

與底面黏合

上面旋轉 $\frac{1}{2}$ 圈

與底面黏合

皆為具有歐幾里得幾何結構的三維流形

175

10-5 $K^2 \times S^1$
——歐幾里得幾何結構

延續上一節，用立方體構成三維流形。在這節，立方體的上面與下面、左面與右面像三環面一樣黏合，前面與後面則左右相反黏合（圖10-5-1）。這樣的流形可想成是 S^1 上的克萊因瓶 K^2 束，稱為 $K^2 \times S^1$。

跟前一節相同，假設在立方體房間中看向天花板、地板、左右側時，可看到無限多個朝著相同方向的自己，但在前面（後面）的房間是看到左右相反的自己，在更前面一間（更後面一間）的房間則是看到著朝相同方向的自己，無限延伸下去，宛若看著「鏡中鏡」裡頭的景象。

穿過左側牆壁的同時，會從右側的牆壁出現；穿過天花板牆壁的同時，會從地板出現，而且姿勢跟穿過牆壁前一樣。但是，穿過前面的牆壁、從後面的牆壁出現時，你的模樣會左右相反。因此，這個流形是**不可定向的流形**。

$K^2 \times S^1$ 跟 10-4 節一樣，有歐幾里得幾何結構。立方體的8個頂點全部視為相同，所以能直接整個嵌入歐幾里得空間（圖10-5-2）。

接著討論與上述不同的黏合方式吧。例如，立方體的左面與右面跟三環面一樣黏合，上面、下面、前面、後面則左右相反黏合，這樣的流形也會是**具有歐幾里得幾何結構、不可定向的三維流形**。如同上述，只要有一對的面相反黏合，就會是不可定向的流形。

圖10-5-1

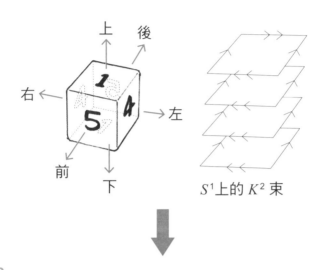

S^1上的 K^2 束

圖10-5-2

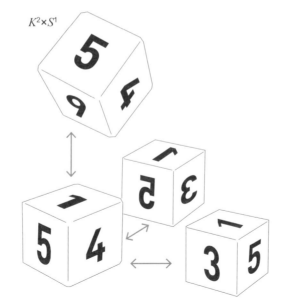

$K^2 \times S^1$

10-6 透鏡空間
——橢圓幾何結構

用三維單位球體 B^3，構成稱為**透鏡空間**的三維流體。

假設 p 與 q 是互質的正整數，將單位球體 B^3 的表面，沿經線方向切成 p 等分，再從赤道切成兩半，分成 $2p$ 個區域。假定點P為球體表面上的任意點，從P沿緯線方向前進 $\dfrac{q}{p}$（2π）弧度，然後令此處相對於赤道的對稱點為Q。此時，在單位球體 B^3 上，將這樣的點P與點Q全部視為相同作成的圖形，與此同胚的圖形則稱為**透鏡空間 $L(p, q)$**（圖10-6-1）。另外，北極點 $(0, 0, 1)$ 與南極點 $(0, 0, -1)$ 會視為相同。

為什麼稱為「透鏡空間」呢？因為將球體分割成 $2pq$ 個蛋糕形狀，如圖10-6-2黏合時，會形成像是透鏡的形狀。

順便一提，$p=1$ 時的 $L(1, q)$ 會跟三維球面同胚，而 $p=2$、$q=1$ 時的 $L(2, 1)$ 又稱為**射影空間**。射影空間，是將三維球體邊界的**對映點**（相對於球體中心的對稱點）視為相同作成的空間。

為了簡化說明，下面來討論射影空間的內部景象。待在球體內部的你，穿過牆壁後，會從對映點的位置朝著原方向轉180°的方向，再度回到球體內部。此時，你不會是左右相反的鏡像，可知射影空間會是可定向的流形。

這個空間需要讓兩個球膨脹，才能完全嵌入三維空間，所以具有橢圓幾何結構。

圖10-6-1　　　　　　　　　　　圖10-6-2

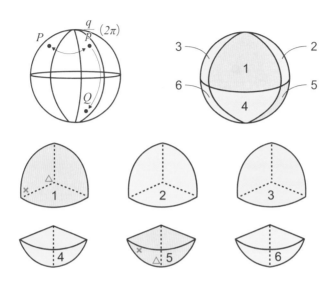

讓1和5的△與×背對背黏合。2和6、3和4也一樣。

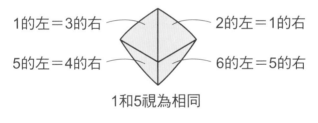

1的左＝3的右　　　　　　2的左＝1的右

5的左＝4的右　　　　　　6的左＝5的右

1和5視為相同

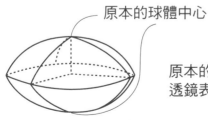

原本的球體中心

原本的球體中心
透鏡表面為原球體的 $z＝0$ 面

從這個透鏡的形狀，再將表面
視為相同，就能作成 $L(3, 1)$

10-7 龐加萊十二面體空間 ——橢圓幾何結構

　　介紹**龐加萊十二面體空間**的圖形。這是將正十二面體的各面，順時針旋轉 $\frac{1}{10}$ 圈，與對面視為相同作成的圖形。正十二面體的20個頂點中每4個頂點、30邊中每3邊視為相同（**圖10-7**）。

　　接著來看此流形的內部景象。待在多面體內部的你，穿過多面體的面時，會從對面中心旋轉 $\frac{1}{10}$ 圈的位置，朝著原方向轉36°的方向，再度回到多面體的內部。此時，你不是左右相反的鏡像，所以此多面體是可定向的流形。

　　由正十二面體作成的流形，本來就不具備歐幾里得幾何結構。因為正十二面體的各邊周圍連接兩面的角度（**面角**）約為116.6°，所以正十二面體沒辦法整個嵌入歐幾里得空間。

　　此流形的各邊，每3邊視為相同，所以面角總共約349.8°，若不讓正十二面的面角膨脹至120°，是沒辦法整個嵌入三維歐幾里得空間。由此可知，龐加萊十二面體空間具有橢圓幾何結構。

　　此流形的同調群跟球面完全相同，但基本群不平凡，所以與球面不同胚。這是龐加萊最初主張「三維同調球面會與三維球面同胚」的反例。

圖10-7

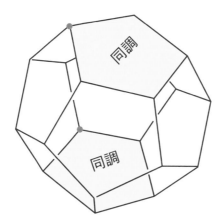

順時針旋轉 $\frac{1}{10}$ 圈，黏合至對面
（重疊寫有同調兩個字的面）

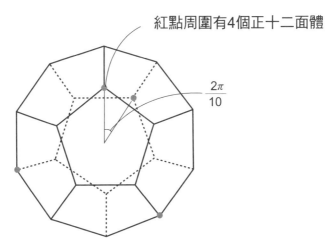

紅點周圍有4個正十二面體

$\frac{2\pi}{10}$

紅點全部視為相同，必須膨脹才能整個嵌入三維空間

10-8　塞弗特－韋伯空間
──雙曲幾何結構

　　這一節要介紹用正十二面體作成的三維流體──**塞弗特－韋伯空間**（**Seifert-Weber space**）。這個圖形是如**圖10-8**將各面順時針旋轉 $\frac{3}{10}$ 圈，與對面結合而成。在結合的過程中，正十二面體的20個頂點全部會視為相同，且30邊中每5邊視為相同。

　　接著來看此多面流形的內部景象。待在多面體內部的你，穿過多面體的面後，會從對面中心旋轉 $\frac{3}{10}$ 圈的位置，朝著原方向轉108°後，再度回到多面體內部。此時，你不會是左右相反的鏡像，所以此流形為可定向的流形。

　　不過，若你穿過含有多面體頂點的區域，視穿過的方向而定，你身體的一部分可能分散超過兩處。然而，考慮到多面體的結合，你的身體並不是真的分散開來，請不用擔心。這在前一節的流形中也是相同的情況。

　　此流形具有**雙曲幾何結構**，我們來討論這件事吧。此流行的各頂點聚集了20個正十二面體，角邊每5邊視為相同，所以面角總共約583°，這樣的形狀沒辦法直接嵌入三維歐幾里得空間。若面角變小到72°，就能置入歐幾里得空間。由此可知，塞弗特－韋伯空間具有雙曲幾何性質。

圖10-8

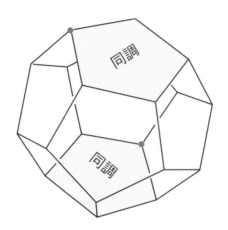

順時針旋轉 $\frac{3}{10}$ 圈，黏合至對面
（重疊寫有同調兩個字的面）

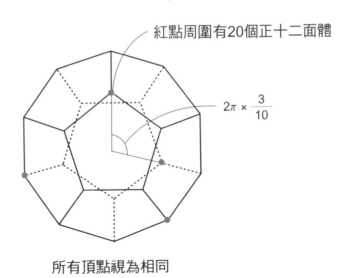

紅點周圍有20個正十二面體

$2\pi \times \dfrac{3}{10}$

所有頂點視為相同

10-9　積與束

　　在前面10-4、10-5節的圖形中出現過**束**，但正文並沒有多加說明，這一節就來解說束的概念。首先，在圖10-9，圓柱可視為閉區間上圓周的束，也可理解為圓周上閉區間的束。這表示圓柱具有積的結構，亦即（圓柱）$\approx S^1 \times [0, 1]$。

　　另一方面，莫比烏斯帶是圓周上閉區間的束，但不是閉區間上圓周的束。由此可知，雖然莫比烏斯看起來具有積的結構，但實際上並非如此。

　　具有 $S^2 \times \mathbb{R}$ 幾何結構的流形是在某一方向，曲面具有橢圓幾何結構，在另一方向、曲面具有歐幾里得幾何結構的流形。$S^2 \times I$ 看作局部幾何時，邊界視為相同。$S^2 \times I$ 是如洋蔥挖空中心的幾何結構。

　　例如，結合 $S^2 \times I$ 內側曲面 S^2 與外側曲面 S^2 的相同點，會形成閉流形 $S^2 \times S^1$。而結合 $S^2 \times I$ 內側曲面 S^2 與外側曲面 S^2 的對徑點，可得到不可定向的流形。這些流形局部具有 $S^2 \times I$ 的幾何結構。

　　同理，具有 $H^2 \times \mathbb{R}$ 幾何結構的流形是在某一方向具有雙曲幾何結構，在另一方向具有歐幾里得幾何結構。$H^2 \times \mathbb{R}$ 看作部分幾何時，邊界視為相同，不過 H^2 會是雙曲平面，可想成雙人游泳圈的形狀。

　　例如，結合 $H^2 \times I$ 內側曲面與外側曲面的相同點，可得到三維閉流形 $H^2 \times S^1$。

圖10-9

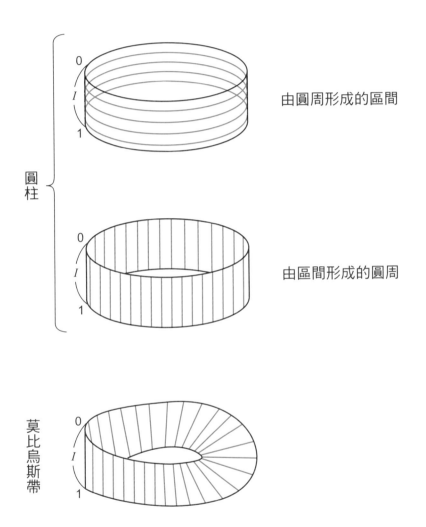

由圓周形成的區間

由區間形成的圓周

圓柱

莫比烏斯帶

10-10　幾何化猜想

　　如 1-5 結所述，在2003年左右，俄羅斯數學家佩雷爾曼，成功證明了1904年提出的龐加萊猜想。長達百年之久未解決的問題終於獲得解決，但詳細內容超出本書的預設範圍，所以在此僅敘述其解決的線索──**幾何化猜想**的命題概要。

　　這是美國數學家威廉・瑟斯頓（William Thurston，1946～2012年）於1982年提出的猜想，以曲率的觀點分類三維流形，命題如下：

　　「大部分的三維流形具有雙曲幾何結構，未具雙曲幾何結構的流形，具有其他齊性幾何結構（另外七種結構之一），或切開後能被具有齊性幾何結構的流形分解。」

　　這邊的「切開」，意謂沿球面切開與沿環面切開兩種。換言之，三維流形可透過黏合邊界為球面或環面形狀的齊性圖形的邊界作成。在 10-1 提到的「由齊性流形構成」，就是這樣的意思。

　　裴瑞爾曼證明了此猜想正確。然後，在具有如此幾何結構的流形中，僅三維球面為單連通的流形，進而證明了龐加萊猜想。

　　最後，「八種齊性幾何結構」列舉於右頁，其中①、②、③、⑤、⑥在本書中有舉出具體例子。

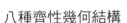

八種齊性幾何結構

①橢圓幾何（**10-3**、**10-6**、**10-7**）

②歐幾里得幾何（**10-4**、**10-5**）

③雙曲幾何（**10-8**）

④扭曲 $\mathbb{R}^2 \times \mathbb{R}$ （nil幾何）

⑤$S^2 \times \mathbb{R}$ 幾何＝扭曲 $S^2 \times \mathbb{R}$ 幾何（**10-9**）

⑥$H^2 \times \mathbb{R}$ 幾何（**10-9**）

⑦扭曲 $H^2 \times \mathbb{R}$

⑧solv幾何

《 英 日 文 參 考 文 献 》

野口 広/著『トポロジーって何だろう』(ダイヤモンド社、1986年)

川久保勝夫/著『トポロジーの発想』(講談社、1995年)

W.P.サーストン/著、S.レヴィ/編、小島定吉/監訳『3次元幾何学とトポロジー』(培風館、1999年)

G.K.フランシス/著、笠原晧司/監訳、宮崎興二/訳『トポロジーの絵本』(シュプリンガー・フェアラーク東京、2003年)

瀬山士郎/著『トポロジー:柔らかい幾何学』(日本評論社、2003年)

服部晶夫/著『多様体のトポロジー』(岩波書店、2003年)

根上生也/著『トポロジカル宇宙』(日本評論社、2007年)

松本幸夫/著『多様体の基礎』(東京大学出版会、2011年)

松本幸夫/著『4次元のトポロジー』(日本評論社、2016年)

William P. Thurston, The geometry and topology of three-manifolds, Princeton lecture notes (1978-1981).

William P. Thurston, Three-dimensional manifolds, Kleinian groups and hyperbolic geometry, Bulletin of the American Mathematical Society, New Series 6(1982), no. 3, 357-381.

William P. Thurston, Three-dimensional geometry and topology. Vol.1. Edited by Silvio Levy. Princeton Mathematical Series, 35. Princeton University Press, Princeton, NJ, 1997. x+311 pp. ISBN 0-691-08304-5

索引

國家圖書館出版品預行編目資料

拓樸學超入門：從克萊茵瓶到宇宙的形狀 /
名倉真紀, 今野紀雄作. -- 初版. -- 新北市：
世茂, 2020.2
　　面；　　公分. --（科學視界；241）
譯自：ざっくりわかるトポロジー

　ISBN 978-986-5408-07-7（平裝）

1.拓樸學

315　　　　　　　　　　　108015891

科學視界241

拓樸學超入門：從克萊茵瓶到宇宙的形狀

作　　者／名倉真紀、今野紀雄
審　　訂／洪萬生
譯　　者／衛宮紘
主　　編／楊鈺儀
特效編輯／陳文君
封面設計／LEE
出 版 者／世茂出版有限公司
地　　址／(231)新北市新店區民生路19號5樓
電　　話／(02)2218-3277
傳　　真／(02)2218-3239（訂書專線）、(02)2218-7539
劃撥帳號／19911841
戶　　名／世茂出版有限公司
　　　　　單次郵購總金額未滿500元（含），請加80元掛號費
世茂網站／www.coolbooks.com.tw
排版製版／辰皓國際出版製作有限公司
印　　刷／凌祥彩色印刷股份有限公司
初版一刷／2020年2月
　　三刷／2022年6月

Ｉ Ｓ Ｂ Ｎ／978-986-5408-07-7
定　　價／320元

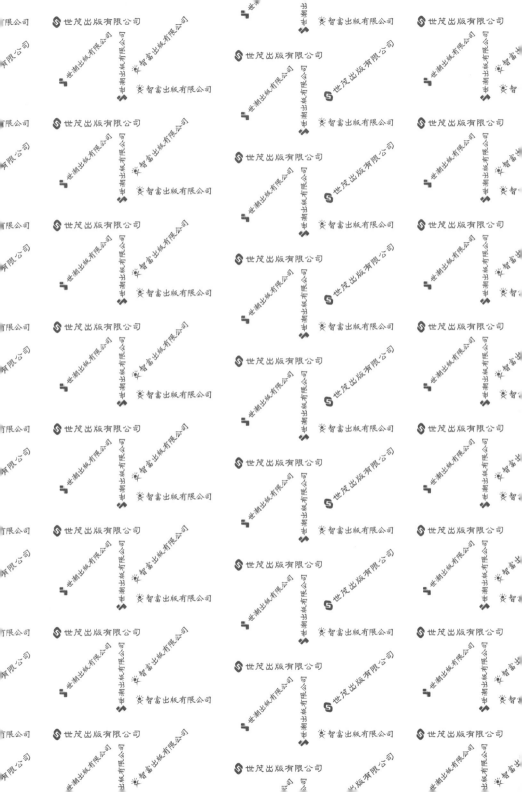